U0279775

昆虫记

Souvenirs Entomologiques

它熔作者毕生研究成果和人生感悟于一炉，以人性观察虫性，将昆虫世界化作供人类获得知识、趣味、美感和思想的美文。

——巴金

昆 虫 记

Souvenirs Entomologiques

（法）法布尔 著

陈思 改写

北京联合出版公司

Beijing United Publishing Co.,Ltd.

图书在版编目（CIP）数据

昆虫记 /（法）法布尔著；陈思改写 .—北京：北京联合出版公司，2016.4
（2022.4 重印）
ISBN 978-7-5502-7452-5

Ⅰ.①昆… Ⅱ.①法… ②陈… Ⅲ.①昆虫学 – 普及读物Ⅳ.① Q96–49

中国版本图书馆 CIP 数据核字（2016）第 067377 号

昆虫记

作　　者 :（法）法布尔
改　　写 : 陈　思
出 品 人 : 赵红仕
责任编辑 : 徐秀琴
封面设计 : 韩　立
内文排版 : 杨玉萍
插图绘制 : 李婧斓　龙　丹

北京联合出版公司出版
（北京市西城区德外大街 83 号楼 9 层　100088）
鑫海达（天津）印务有限公司印刷　新华书店经销
字数135 千字　720 毫米 ×930 毫米　1/16　9 印张
2016 年 4 月第 1 版　2022 年 4 月第 2 次印刷
ISBN 978-7-5502-7452-5
定价 : 48.00 元

前言

一个人耗费一生的光阴来观察、研究"虫子",已经算是奇迹了;一个人一生专为"虫子"写出一部皇皇巨著,更不能不说是奇迹;而这部书居然一版再版,先后被翻译成50多种文字,直到百年之后还在读书界一次又一次引起轰动,更是奇迹中的奇迹。著名作家巴金曾这样评价:"它熔作者毕生研究成果和人生感悟于一炉,以人性观察虫性,将昆虫世界化作供人类获得知识、趣味、美感和思想的美文。"这些奇迹的创造者就是法布尔和他的《昆虫记》。

19世纪末20世纪初的法国,一本集自然科学和人文关怀于一体的昆虫百科全书——《昆虫记》出版了。全书共10卷,长达二三百万字。在《昆虫记》中,作者将专业知识与人生感悟熔于一炉,娓娓道来,在对一种种昆虫的特征和日常生活习性的描述中体现出作者对世事特有的眼光,字里行间洋溢着作者本人对生命的尊重与热爱。该书一出版便立即成为畅销书,在法国自然科学史与文学史上都具有举足轻重的地位。它不仅是一部研究昆虫的科学巨著,同时也是一部讴歌生命的宏伟诗篇,被人们冠以"昆虫的史诗"之美称,法布尔也由此获得了"科学诗人""昆虫界的荷马""动物心理学的创导人"等桂冠,并因此书于1910年获得诺贝尔文学奖的提名。这样的作品在世界上诚属空前绝后,没有哪位昆虫学家具备如此高明的文学表达才能,也没有哪位作家具备如此博大精深的昆虫学造诣。法国20世纪初的著名作家罗曼·罗兰称赞道:"他观察之热情耐心、细致入微,令人钦佩,他的书堪称杰作。"

1

昆 虫 记

　　法布尔数十年间，不局限于传统的解剖和分类方法，选取了蚂蚁、蟋蟀、圣甲虫、大孔雀蛾、蝉等读者最感兴趣的昆虫，生动详尽地记录下这些小生命的体貌特征、食性、喜好、生存技巧、蜕变、繁衍和死亡，然后将观察记录结合思考所得书写成具有多层次意味、全方位价值的鸿篇巨制，使昆虫世界成为人类获得知识、趣味、美感和思想的文学形态。1923 年，《昆虫记》由周作人译介到中国，近百年来一直受到国人的广泛好评，长销不衰，成为上千万青少年的成长必读书。本书译者本着优中选优、独立成篇的原则，精心编就此书，熔思想性、艺术性、文学性于一炉，具有很高的欣赏价值。全书叙述生动，保留了原著的语言风格，并进行了通俗易懂的演绎，向读者奉上一道宝贵的精神盛宴。

　　本书并没有把昆虫当作实验室的标本来研究，而是把它们当作活生生的生命来看待，用拟人化的手法将昆虫写得有声有色，有情感有性格，自然亲切，妙趣横生，再加上精美的图片，让读者如同进入了栩栩如生的昆虫世界。

　　更值得一提的是，《昆虫记》除了真实地记录了昆虫的生活，还透过昆虫世界折射出人类的社会与人生。书中不时语露机锋，提出对生命价值的深度思考，试图在科学中融入更深层的含义。书中将昆虫的生活与人类社会巧妙地联系起来，把人类社会的道德和认识体系搬到了笔下的昆虫世界里，然后透过被赋予了人性的昆虫反观社会，传达个人的体验与思考，得出对人类社会的见解，无形中指引着读者在昆虫的"伦理"和"社会生活"中重新认识人类思想、道德与认知的准则。读完本书，可以让我们去思考很多问题，该如何面对自己短暂的人生，如何让一个渺小的生命在奋斗中得以升华。

　　《昆虫记》的确是一个奇迹，这样一个奇迹，在地球即将迎来生态学时代的今天，也许会为我们提供更为珍贵的启示。

目录

第一章

我的世外桃源：荒石园

我一直想为自己在荒郊野外准备一间实验室，然而这并不是一件简单的事情，因为我四十年如一日地与贫苦打着交道。不过，凭借着生活的勇气，我最终还是等到了有实验室的一天——美梦成真，我拥有了梦寐以求的实验室。

实验室的位置恰是我的梦想之地，它自成世外桃源一般，有围墙与公路上的诸多麻烦隔开；放眼望去，四周都是废墟，只有中间矗立着一堵以石灰和泥沙作为基础的断墙——它就是我对科学真理热爱的写照；一块经受雨打风吹的不毛之地，是矢车菊和膜翅目昆虫的好去处。

我是在一个荒僻的小山村里找到它的。当地人叫它"荒石园"，就是一块除了百里香和石头之外什么都没有的荒地。在这片长期荒芜的土地里，长满了无须我照料的植物，如狗牙草、矢车菊、刺茎菊科植物等。这就是我的伊甸园——我跟小虫子们亲密无间相处的地方。它无愧于伊甸园这个称呼。虽说没有一个人愿意撒把萝卜籽给它，但它却是膜翅目昆虫的天堂。我不爱捉虫，也不太精通，比起被钉死在盒子里的虫，我更喜欢正在长着茂密的蓟和矢车菊的草地上工作的虫。

地里的蓟和矢车菊对膜翅目昆虫来说是极大的诱惑。以我以往的经验，从没在别的地方见过如此多的昆虫；从事各种职业的昆虫都来这里聚会，猎手、建筑师、纺织工、组装师、泥瓦匠、木匠、矿工，多得我都数不清了。

1

　　黄斑蜂在矢车菊网般的茎间刮来刮去，堆出一个棉花球，并扬扬得意地把它带到地上，用来做装蜜和卵的棉毡袋。肚子上有黑色、白色或火红色花粉刷的切叶蜂的目的地则是附近的灌木丛，在那里它将剪下椭圆形的叶子组装成能盛放收获品的容器。穿着黑色绒衣的是在加工水泥和卵石的石蜂，要在石头上找到它们建筑的房子可不是什么难事。定居在旧墙和附近向阳斜坡上的砂泥蜂总是飞来飞去，嗡鸣大作。

　　壁蜂在干什么呢？一只在空蜗牛的壳里工作；另一只为了给幼虫做圆柱形的房子而啄着干掉的荆棘；第三只想用断掉的芦竹做天然通道；第四只则闲在墙石蜂的走廊里无所事事。大头泥蜂和长须蜂高高翘起属于雄蜂的触角；

毛足蜂在自己采蜜的后足上插了支大毛笔；土蜂的种类繁多；隧蜂的腰细如杨柳……种类太多了，如果把菊科植物中的客人都介绍一遍，那就等于把采蜜族的蜂类都数一遍。

有些昆虫也会在沙子里筑巢。泥蜂清扫门洞，它身后留下的尘土像抛物线一般。朗格多克飞蝗泥蜂把距螽拖走。大唇泥蜂将捕到的叶蝉放入地窖。砂泥蜂在荒石园的小路边的草地上飞来飞去，寻找幼虫，体型大些的则寻觅着狼蛛。荒石园里到处都是狼蛛的巢穴———一个竖井似的坑，边上有禾本科植物的茎作为护栏。坑底就是有着令人胆战心惊的、像金刚钻一样闪闪发亮的眼睛的狼蛛。炎热的下午，雌兵蚁排队从窝里爬出来寻找奴隶。一堆腐烂的草周围，土蜂没精打采地飞着，然后又一头扎进满是鳃金龟、蚀犀金龟和花金龟的幼虫的草丛里。

可以研究的对象实在太多了，数都数不完。闲置的园子总会被各种各样的动物占据。丁香丛里的是莺；定居在茂密的柏树下的是翠雀；瓦片下的碎布和稻草都是麻雀藏进去的；梧桐树上传来的美妙歌声的主人是南方金丝雀，它的窝只有半个杏子那么大；晚上唱着单调如笛声的歌曲的总是红角鸮；刺耳的咕咕声只能是雅典之鸟猫头鹰发出的。

更无法无天的是膜翅目昆虫，它们占领了我的地盘。白边飞蝗泥蜂把家安在我家门槛的缝隙里，每次跨进家门之前，我得小心留意别踩坏它们的窝，别踩坏专心致志干活的工蜂们。整整二十五年我都没见过这捕食蝗虫的猎手了。

第一次见它们的时候，我徒步几千米去拜访，而且头顶着八月火辣辣的太阳。而如今我在自己家门口看见它了，我们成了亲密的邻居。关闭的窗框是长腹蜂的小宅，那种贴在墙壁的方石上的窝是土砌的。这种可以捕食蜘蛛的小虫从护窗板上偶然出现的小洞找到了回家的路。百叶窗的线脚上有几只孤单石蜂筑起的窝；黑胡蜂将圆顶上有个大口短细颈的屋筑在了半开的屏风下。胡蜂和长脚胡蜂更是家中的常客，它们总在饭桌上尝尝葡萄有没有熟透。

这些动物的种类远远不是全部。假如我能跟它们交谈，就能给我孤寂的生命添加一份乐趣。无论是旧识或是新友，它们都挤在我眼前的这一方小天地捕食、采蜜、筑巢。就算要改变观察地点，几步开外的山上就有野草莓丛、岩蔷薇丛、欧石楠树丛。既有泥蜂喜欢的沙层，也有膜翅目昆虫喜欢的泥灰石坡边。我之所以逃离城市回归乡村，正是遇见了这些宝贵的财富。

乡村相比于城市，在很多方面都显得不够便利和现代，但住在乡下唯一的好处是清净是免费的。在没有过往行人的打扰下，我可以专心致志地与昆虫们对话。当然这种对话是通过实验，既不用消耗时间出远门，又不用伤神到处奔走，只要按照我的计划，设计圈套，然后耐心观察结果，做详细的记录就可以了。

我的实验和实验记录没有空洞的公式和不懂装懂的白话，只是准确地记录我所看到的，一分不多，一分不少。如果我的语言不够生动，描述的内容无法说服自谓"正直"的人，我将告诉他们：你们在剖开虫子的肚腹过程中玩弄它们，我在它们活蹦乱跳的时候研究它们；当你们把虫子变成恐怖或可怜的东西时，我让人们爱它；当你们在实验室里将虫子切碎时，我与蓝天一起听着蝉鸣观察它；当你们把细胞放进化学反应堆时，我在研究生命的本质；当你们关注死时，我关注生。

人们在大洋洲和地中海边花许多钱建立实验室，为的是解剖那些没什么益处的海洋小生物；人们使用显微镜、精密的解剖仪、捕猎设备、船、人力和鱼缸，只为知道某种环节动物的卵黄如何分裂，我始终不明白这有什么意义。人们看不起地上的小虫子——跟我们息息相关的小虫子们：有的为普通生理学提供了大量有效资料；有些破坏庄稼和公众利益。

我们需要一座昆虫实验室，研究不是那种泡在三六烧酒里的死昆虫而是活着的昆虫。人们宁愿投入大量的拖网来探索海底，却对脚下的土地漠然，越来越多的人对博物学、昆虫学失去了兴趣。可是人们忽略的是，研究这些小虫子的本能、习性、生活方式、劳动和繁衍，对人类生产生活的很多方面都有莫大的帮助。为了改变人们的观念，我开辟了荒石园作为活体昆虫的研究室。这个实验室不会难为纳税人，一分钱都不用他们掏，实验室里的记录完全坚持实事求是的原则。

不像学校的学校

我七岁开始与字母打交道。我的老师就是我的教父。这位教师授业解惑的工作地点就像一个多功能室,什么用场都能派得上。它不但是学校,还是厨房、食堂、卧室,有时候还充当鸡棚、猪圈。

屋子分楼上楼下两层,底层有一道宽大的梯子通到楼上。楼上的房间大概是粮仓,楼下的房间就是我初识 ABC 的学校。屋子的南面安装着房间里唯一的窗户,尽管它又窄又低,但在阳光照耀的时候,它是这栋房子最令人愉快的地方。

阳光从窄小的窗洞透进来,照着满墙色彩斑斓的图画,这是老师的收藏品。楼下房间里还有一座宏伟的建筑:底墙上的壁炉。两块石头搭成的台子上,是我们冬日里的焦点:跳动的温暖的炉火。炉火的用途是给教师家的小猪烧煮食物,火上摆成一排的三口小锅里是它们最爱的麸皮和土豆。我们每人每天早上都进贡木柴,因此有权利享受用它蒸煮的美味。

除此之外,我们不乏其他消遣。教室有一扇门与家禽饲养场相通。这扇通往欢乐的门一打开,母鸡就带着一群毛茸茸的小鸡前来探访。大家急急忙忙地弄碎面包招待这些可爱的来访者,努力做出可亲的姿态,以便尽可能多地吸引小鸡们的注意力,还小心翼翼地用手指抚摸小鸡背上柔软的绒毛。小猪会寻着煮熟的土豆味儿,一个接一个排着队进来。它们一路碎步小跑,屁股一扭一扭的,纤细的尾巴卷曲着。它们撒娇似的磨蹭着我们的腿,用稚嫩的嘴巴在我们的手心搜寻着取走面包屑,弄得手心痒痒的。它们还在教室里游览,又像是在寻找美味的食物,一会儿到这儿,一会儿到那儿。老师和善地用手将它们赶回饲养场。

在学校里,大孩子们有权利使用房间里唯一一张周围有板凳的桌子,我们这些年纪小的学生，每个人手上都有一本儿童识字课本。在它灰色的封面上，画着一只鸽子。课本中可怕的 ba、be、bi、bo、bu 令大多数孩子头痛不已。

我们的老师是个富有才华的人，他是唱诗班的金嗓子，是领唱人。晚祷时，整个教堂回荡着他纯美的圣母赞歌。他还是理发师，用那双灵巧的手为村里有头有脸的人物修剪头发。

我们的老师还是敲钟人。村子里的每次婚礼、每次受洗都令我们兴奋不已，因为老师必须去为这些庄重的事情鸣响钟声，暂时停课的学校便是我们欢乐的天堂。

老师还是个管家，他替一个外村的业主管理财产，他要照顾一座有四座塔楼的古堡，要采摘苹果、收割燕麦、收贮干草、摘打胡桃……在风和日丽的时候，很多孩子去给他做志愿者。这时候的学校，只剩下几个还没有志愿者资格的年纪小的孩子，我也正在其中。课堂常常被搬到干草堆上、麦秸堆上，上课的内容通常是打扫鸽子的住所，或是压碎在雨天爬出自己堡垒的蜗牛，蜗牛的城堡就在黄杨木林的边缘。

这就是我的学校，这就是我的老师，这就是我一生的兴趣爱好萌芽发源地。在露天学校，我的好奇心总能得到小小满足，乡野生活到处充满快乐：

在帮助老师摘打胡桃的时候，我和草坪的蟋蟀成了好朋友。虫儿的翅膀展成扇形，有的扇形是蓝色的，有的扇形是红色的，但都一样鲜艳美丽。我在桤木上寻找美丽的单爪丽金龟，我在花园里采摘清雅的白色水仙，还学会了用舌尖吮吸它花冠底部的甜蜜水滴。

在帮助老师砸碎黄杨木林边缘的蜗牛时，我并不是一个干净利落的消灭者。在我眼里，这些蜗牛十分美丽，它们有呈螺旋形旋转的黑色带子，但身体有黄色的、白色的、褐色的，还有玫瑰红的，像是谁不小心弄掉了调色盘，刚好把这些美丽的色彩涂到了它们身上。我总是不忍心用脚后跟压碎这些鲜艳的色彩；我用袋子装满自己喜欢的，有空就拿出来欣赏欣赏。

……

就这样，在愉快的乡野学习中，我对树林里、草坪中的生命越来越了解，越来越感到有趣；然而，我的文科学习却始终没有长进。直到有一天，父亲偶然从城里带回来一本书，这本书使我对阅读产生了兴趣，这多半要归功于书中那幅大图画。这幅图画由许多格子组成，每个格子里都画着一种动物，并写着其名称的第一个字母。它是教人识字的字母表，创作者这种可爱的教学方法让我感到舒服又新奇。我把这幅宝贵的图画贴在我的窗棂上，让它带领我学习。

字母表的第一位出场者是驴（ane），它的名称以稳重的字母 A 开头，不过在我看来，驴的性格与"A"不太相符，因为老师家的母驴动不动就嘶叫，一点儿不沉稳；接下来是牛（boeuf），它的首字母和它的身材有些相似，都胖胖的，它教会我字母 B；鸭子（canard）教我读字母 C；火鸡（dindon）带我认识了字母 D。其余的依此类推。

我进步飞快，没过几天就能把那本鸽子封面的小书诵读下来了。我在如此短的时间里学会了拼写，父母都感到十分惊讶。其实，这很好解释：图画的作者让学习者与动物进行交流，我对动物是感兴趣的，所以图画能够吸引我去思考、去联想、去记忆。

后来，我从这所不像学校的学校里毕业，并于十岁时进入罗德中学学习。在无聊的翻译练习和神话与英雄的幻境中，我对大自然的激情和热爱并没有减少，植物和昆虫是我的希望所在和精神寄托。我常常在闲暇和假日去了解小巧的白腰朱顶雀是否已经孵出小鸟，蟋蟀是否在贫瘠的草坪上展开它或红或蓝的翅膀，紫熟的葡萄是否已经悬挂在野生的荆棘上，金凤蝶是否在某朵花上炫耀美丽。

一段时间后，我又不得不和罗德中学告别，因为家里已经没有面包了。那段和饥饿纠缠的时间里，表面上看来我对昆虫的兴趣减弱了，但事实上大自然对我的吸引力似乎永远不会消失。蟋蟀和松树鳃角金龟，白色水仙和白桦林，它们是我苦难中的阳光。

经历了人生的低谷之后，幸运女神向我微笑，我来到了沃克吕兹初级师范学校。我的拉丁文和拼字法比我的新同学略胜一筹，可他们大概不知道，当其他同学打开词典，认真地为听写练习做准备的时候，我却在书桌上秘密研究虫儿与花草，偷偷地品尝着自然科学带给我的快乐滋味。

不过，师范学校的课业压力还是有的。为了达到初级师范学校的最低标准，我曾一度抛弃了自己钟爱的夹竹桃和圣甲虫，将精力全部贡献给微积分和圆锥曲线。我害怕自己抵挡不了一株新的草本植物、一只新的膜翅目昆虫的诱惑，为此不惜将自然科学的书籍全部压在箱底。

毕业后，我被派到阿雅克修中学去教学。我在当地的浩渺苍穹和无边大海，以及迷人的香桃木丛林和野草莓的诱惑下，终于妥协了。我将闲暇时间分成两部分，其中大部分分给我用来谋生的数学，剩下的部分被我用来观察贝壳、采集标本。也许这就是命运，我青年时代为之饱受艰辛苦楚的数学，到头来对我毫无用处；而我为之节衣缩食的虫子，却成为我老年生活的最大乐趣与安慰。

不久，我结识了大名鼎鼎的阿维尼翁植物爱好者雷基安。他的记忆力强大得惊人，简直是植物分布的活地图、活百科书。我空闲时候常常陪着雷基安到处奔走，收集标本、研究植物。他是一位慷慨、耐心的老师，在植物方面，我和他学到了很多。如果死神肯再多给他些时间，我想他还会教会我更多。

一年后，我认识了图卢兹的知名教授莫干·唐东。他是我的一位良师益友。他对我说："放弃数学吧！没有人会对死板呆滞的公式和函数感兴趣的。来研究植物和虫子吧！遵循你内心最真实的想法，你骨子里的热忱会让你成功的。"

好了，是该做最后决定的时候了。我追忆过去，审视自己，得出结论：我相信，我生来就是虫子的朋友，生来就是动物画家，至于为什么是、如何能是，无人知晓。从孩提时代开始，从智慧之花的初放开始，我就有观察研究自然事物的喜好。或许，我生来就具有观察事物的才能。

和大自然不分彼此的童年

我的童年时代，无忧无虑，几乎和昆虫不分彼此。那时的我像鸟类一样，充满着对鸟巢、鸟蛋和张着黄色鸟喙的雏鸟的渴望。我喜欢把山楂树当作床，把鳃金龟和花金龟放在一个扎了孔的纸盒里，然后放在那张床上喂养；同时也很早就被蘑菇那绚丽多彩的颜色迷住了。第一次发现鸟窝，第一次采到蘑菇，第一次把小鸟放在掌心……这些经历都曾让我激动不已，感觉难以形容。

记得有一天，我的运气实在不赖，不仅有一个苹果作点心，还可以自由地活动。我打算到附近那座被我当作世界边缘的小山顶上去看看。那儿有一排树，它们背风站立，像要被连根拔起飞走似的，不停地摇摆着弯腰鞠躬。我往山坡上爬去，攀爬的过程中，一只漂亮的鸟忽然从大石板下飞出来，吓了我一跳，紧接着我看到了鸟儿们用鬃毛和细草编造起来的鸟窝。这是我发现的第一个鸟窝，里面共有六个蛋，它们挨在一块儿的样子很美丽。蛋壳就像在天蓝色的颜料中浸过似的，蓝得那么好看。这是鸟类带给我的第一次欢乐，我被幸福的感觉包围了，于是干脆趴在草地上，观察起来。

我看到雌鸟一边慌乱地从一块石头飞到另一块石头上，嗓子里发出"塔格""塔格"的声响。那个年龄的我还不知道什么是同情,当时我的脑子里正计划着抓这些小动物。我想在两周之后再回到这里,在雏鸟还没长大飞走之前掏鸟窝。现在则打算先拿走一个鸟蛋,用来证明我曾有一个伟大的发现。

我害怕会把那个脆弱的蛋打破,便用一些苔藓垫着,把它放在手心里。我走下山坡,小心翼翼地握着鸟蛋。在山脚下,我碰上了牧师。他注意到我走路时紧张严肃的模样,很快,他就发现了我手里藏着的东西。

他问道:"孩子,你手里是什么东西?"

我忐忑不安地伸开手掌,那枚躺在苔藓上的蓝色蛋就露了出来。

"啊!这是'岩生',你是从哪儿弄来的?"牧师说道。

"山上,从一块石头的底下。"

我招架不住他的一再追问,很快就把自己的小过失全盘招认了。

牧师说:"你不能这样做,我的孩子。你不该从母亲那里抢走它的孩子,这个家庭是无辜的。你应该尊重它,让它长大,让它从鸟窝里飞出来。它们帮助我们清除庄稼里的害虫,是庄稼的朋友。要是你想做个好孩子,就不要再去动那个鸟窝了!"

我答应了。牧师威严的话语让我明白,破坏鸟窝是一种糟糕的行为。在我的心灵深处,我已经感到让它的母亲伤心是不对的,尽管我还不知道鸟是怎样帮助我们消灭破坏庄稼的害虫的。

回想这件事的时候,牧师口中的"岩生"二字始终在我的脑海里徘徊。我想,动物和我们人类一样有名字,那"岩生"是什么意思?是谁给它们起的名字?可惜的是,年幼的我没有足够的知识探究问题的谜底。直到若干年之后,我才知道拉丁语"岩生"是生活在岩石中的意思,我回想起当年我全神贯注地盯着那窝鸟蛋时,那只鸟确实是从一块岩石飞向另一块岩石。那个以突出的大石板为屋顶的巢就是它的家。

从一本书中我进一步了解到,这种鸟也叫土坷垃鸟,它喜欢多石的山冈,在耕种季节里,从一块泥土飞到另一块泥土上,找寻犁沟里挖出的虫子。后来我又知道普罗旺斯语里它叫作白尾鸟。这个生动形象的名称让听到的人很快就联想到，它突然起飞作特技飞行表演时，那展开的尾巴就像是白蝴蝶。

牧师口中随意脱口而出的那个词，向我打开了一个世界，一个草木和动物拥有自己真实名称的世界。有一天，我将用它们的真实姓名，与田野这个舞台上数以千计的演员和小路边成千上万朵小花们打招呼。

我还记得儿时居住的村子的西山坡上，有一道鼓突的矮墙围起层层梯田，墙面上布满了密密麻麻的地衣和苔藓。那里有层层分布的果园。李子和苹果成熟了，看着就像是一片鲜果瀑布。一条小溪流经那里，溪水很浅，在水面开阔的地方，有一些一半露出水面的平坦石头，让人们踩着过溪。

沿着溪水往下走一段，两边的赤杨和白蜡树弯下腰，枝叶相互交错，形成了绿荫穹隆；粗根盘错，盘构成了门厅，门厅往里就是幽暗的长廊，那里是水生动物的藏身所。在这个隐蔽场所的门口，光线透过树叶的缝隙洒落下来，形成了椭圆形的光点，不停晃来晃去。那里住着红脖子鲢鱼。它们腮帮子一鼓一瘪的，没完没了地漱口。大家成群结队，齐头并进地逆流而上。一片树叶落入了水中，那群鱼顿时消失得无影无踪。

小溪的另一边是一片山毛榉小树林，树干像柱子似的，光滑笔直。小嘴乌鸦在它们茂盛的树冠的枝叶间呱呱地叫着，从翅膀上啄弄下一些被新羽毛替换下来的旧羽毛。地上铺着一层苔藓，我在这柔软湿润的地毯上还没走几步，就发现了一个尚未开放的蘑菇，看着就像是随处下蛋的母鸡丢下的一个蛋。这是我采到的第一个蘑菇，一种好奇心唤起了我观察的欲望。我把它拿在手里好奇地打量着它的构造，反反复复地看。

没过多久，我又陆陆续续找到了其他的蘑菇。这些蘑菇形状各异，大小不一，色彩纷呈，有的像铃铛，有的像灯罩，有的像平底杯，有的长长的像纺锤，有的凹陷则像漏斗，还有的圆圆的像一个半球。我看到一些蘑菇瞬间就变成了蓝色，还看到一些烂掉的大蘑菇上爬着虫子。还有一种蘑菇像梨子，这是我见到的最奇怪的蘑菇。它干干的，顶上有个像烟囱一样的圆孔。当我用指尖弹它们的肚子时，就会有一缕烟从烟囱里冒出，等里面的烟散发完了，就只剩下一团像火绒一样的东西。我在兜里装了一些，这样有空时就可以拿来冒烟玩。

自从第一次发现蘑菇后，我又多次光顾那里，并在小树林中获得了无穷的乐趣，在小嘴乌鸦的陪伴下，我懂得了关于蘑菇的基本知识。我甚至发明了一种分类法，把自己发现的蘑菇归成三类。第一类最多，这类蘑菇的底部带有环状叶片；第二类的底面衬着一层厚垫，上面有许多不容易发现的洞眼；第三类有像猫舌头上的乳突那样的小尖头。

现在，对蘑菇充满特别好奇心的岁月已经离我很遥远了，但我依然和它们保持着联系。在晴朗的秋日下午，我步履蹒跚地去探望它们。那些从红色的欧石楠地毯上冒出来的大脑袋牛肝菌、柱形伞菌和一簇簇红色的珊瑚菌，我怎么也看不够。这使我萌生了画图的想法，我要把那些无法按原样保存在标本集里的蘑菇，绘成模拟图画。

我完成了几百幅蘑菇图。画面上的蘑菇，不论是尺寸还是颜色都和自然的没有多大差异。如果说我的收藏在艺术表现手法上尚有不足，但它至少是真实的，因此具有一定的价值。一些参观者纷纷慕名前来，每到周日就有人前来观赏。他们单纯地看着这些画，不敢相信不用模子和圆规，仅仅用手也能画出这么美丽的图画来。他们一眼就认出了我画的是什么蘑菇，还能说出它们的俗名，这说明我画得栩栩如生。

但是，这么一大摞花费了许多精力才得来的水彩画，将来又会面临怎样的命运呢？也许刚开始的时候，我的家人会小心地珍藏我的这份遗物，但是迟早有一天，它会变成他们的负担，从一个柜子移到另一个柜子里，从一个阁楼搬到另一个阁楼上，总有老鼠前来光顾，然后渐渐粘上污渍。最后，它会落入一个远房外孙的手中。那孩子会将图画裁成方纸，然后折成纸鹤。这是不可避免的。那些我们抱着幻想，以最挚爱的方式珍惜、爱抚过的东西，早晚都会在现实面前遭到无情的踩躏。

第二章

夏夜的绿衣强盗

蝈蝈儿长得十分漂亮，它体态优美，苗条匀称，身着一袭嫩绿的衣裳，体侧有两条淡白色的丝带，两片大翼轻薄如纱。这漂亮的虫儿是夜晚的低音歌者，它的发声器官是一个带刮板的小扬琴。蝈蝈儿的低音曲绵长而又暗哑，时而也会发出一声急促的响声。

在苍茫夜色中的绿丛里，蝈蝈儿的歌声并不起眼，仿佛轻声呢喃，又像是窃窃私语。然而，当四野蛙声和其他虫鸣暂时沉寂时，这绿衣歌者的声音会柔和地弥漫于黑夜，恰似夏夜的静谧。

六月初始，我把不少雌雄蝈蝈儿请到金属网罩里协助我的研究，为的是研究它们的习性。本来以为会是很简单的事情，可在蝈蝈儿喜欢吃什么这个问题上，就让我动了不少脑筋。我喂它们莴苣叶，它们吃是吃，可是吃得很少，明显对呈上来的菜肴不是十分满意。我必须为我的实验对象找其他的食物。

一天清晨，我在门前散步，突然听到刺耳的吱吱声，感觉旁边的梧桐树上有什么东西落了下来。我跑过去一看，一只蝈蝈儿正在享用它的战利品——奄奄一息的蝉。胜利者把头伸进蝉的肚子，一点儿一点儿地拉出它的肚肠。那一刻，我知道了蝈蝈儿的最佳食物是蝉。

设想一下蝈蝈儿捕杀蝉的过程吧：当蝉在树枝上散步的时候，已经被绿衣强盗盯上。蝈蝈儿纵身一跃，将猎物死死咬住，惊慌失措的蝉飞起逃窜，攻击者和被攻击者就从树上一起掉了下来——后来，我多次见过类似的场景。

绿衣强盗的屠杀在晚上更容易进行。沉沉夜色中，蝉已进入梦乡。它白天沐浴在阳光和盛夏的热浪之中，尽情地唱了一天，现在它累了，需要休息了。但蝈蝈儿没有休息，它是狂热的夜间狩猎者，只要在巡逻时碰上半睡不醒或是甜睡中的蝉，就一定不会放过。

这一身嫩绿服装的携刀者称得上是勇猛的猎手，它所选择的猎物与自己的

身材大小悬殊。没有武器的蝉几乎毫无还手能力，蝈蝈儿凭借它有力的大颚和锐利的钳子，总是能将蝉变成盘中美餐。

自从更换了食谱之后，蝈蝈儿的食欲大增。它们尤其喜欢吃蝉的肚子。这是个好部位，虽然肉不多，但是在嗉囊里面，储存着蝉用喙从嫩树枝里吮吸来的糖浆甜汁，味道特别鲜美。也许正因为这个原因，蝈蝈儿每次抓到蝉都先吃肚子。以至于两三个星期间，网罩中到处都是残肢断腿、被撕扯下的羽翼和头骨、胸骨。

我还喂它们吃肥美的松树鳃角金龟，对这道新菜肴，它们欣然接受。为了变化食物的花样，我还给蝈蝈儿吃很甜的水果：几块西瓜、几颗葡萄、几片梨子，它们都很喜欢。不过，面对美味的食物，自私与妒忌从不少见。我扔入一片梨子，一只蝈蝈儿立即趴在上面，而且不管谁要来分享这块美食，它都要踢腿将其赶走。饱餐之后，它才让位给另一只蝈蝈儿，而另一只也立刻变得吝啬起来。这样一个接着一个，所有蝈蝈儿都能品尝到一口美味。

如果某只蝈蝈儿死了，那么活着的贪吃鬼绝对不会放过品尝同伴肌体的机会。所有蝈蝈儿都不同程度地表现出这种爱好，它们吃死去的同伴就像是吃普通的猎物一样，而且并不以饥饿为理由。

从以上例子中我们得到了许多资料，蝈蝈儿非常喜欢吃昆虫，尤其是没有坚硬的盔甲保护的昆虫；它十分喜欢吃肉，尤其是带有甜味的肉。它也吃水果的甜浆，死去的同伴也被列入菜单。有时没有好吃的，它甚至还吃一点儿草。

蝈蝈儿一天中大部分时间都在休息，天气炎热的时候更是如此。当饱餐之后，嗉囊已经装满，它用喙抓抓脚底，用沾着唾液的足擦擦脸和眼睛，躺在细沙上或是抓着网纱，以沉思的姿势，怡然自得地消化食物。

太阳下山后，蝈蝈儿们开始兴奋起来，晚上九点达到高潮。它们闹哄哄地来回走动，突然纵身一跃爬上网顶，又急急忙忙跳下来，然后又爬上去，圆形网罩里到处是激动的蝈蝈儿。狂热的雄蝈蝈儿鸣叫着，这儿一只，那儿一只，用触角挑逗从旁边走过的雌蝈蝈儿。蝈蝈儿先生心仪的女友半举着尖刀，神态端庄地溜达。内行人一看便知，蝈蝈儿先生要办它的人生大事了，这就是交配。

蝈蝈儿爱情的表白延续的时间非常长，坠入爱河的蝈蝈儿先生和它的女友面对着面，几乎是头碰着头，用柔软的触须长时间相互触摸着，探询着。雄蝈蝈儿时不时地唱上两句，弹几下琴弓。

第二天上午，雌蝈蝈儿的产卵管下面垂着一个奇怪的东西，有豌豆那么大。这是一个乳白色的精子囊，中间有一条浅沟，把整个精子囊分成对称的两串，每串有七八个小球。当这位母亲走动时，囊泡擦着地面，沾上了几粒沙子。

两个小时之后精子囊里面已经空了，雌蝈蝈儿把黏糊糊的精子囊一块块地吃了下去；这块似乎非常美味的玩意被它津津有味地品尝。不到半天的时间，乳白色的囊泡消失了，被吃得一点儿不剩。这种行为发生不久之后，雌蝈蝈儿开始产卵。

为了研究这难以想象的怪异行为存在于同类昆虫中，七八月份的时候，我饲养了螽斯科的另一种昆虫距螽。交配的过程中，雄距螽小心翼翼地倒退着钻到雌距螽的身下，在后面伸直身子仰卧，紧紧地抱住产卵管作为支撑，完成交配。雄距螽排出了一个巨大的精子袋，在这一番伟业之后，它已经体力不支、瘦得干瘪了。任务一完成，它就到一块梨子那儿补充能量了。而雌距螽则懒洋洋地小步溜达着，身上还带着有它身体一半大、雄性排出的精子袋。

这个精子袋和蝈蝈儿的长得差不多一样，像是装着大籽粒的覆盆子，颜色和形状像一袋蜗牛卵。产卵管底部左右两边的两个结节，由一根宽宽的用透明材料黏结物做成的茎固定着，它们比其余的结节更加半透明，里面含有一个鲜艳的橘红色的核。两三个小时之后，雌距螽像蝈蝈儿那样开始了令人恶心的盛宴。整个下午它都在细嚼慢咽，第二天覆盆子似的袋子就完全消失了。

没有节制的发情、肉食和纵欲同时进行，这正是古代野蛮行径的遗留。就像章鱼和蜈蚣一样，螽斯类昆虫也是这种古代习性残存的代表，它为我们保留了遥远时代奇特的繁衍行为的珍贵标本。

蟋蟀为什么唱歌

蟋蟀这位出类拔萃的歌唱者，使用的乐器其实很简单：有齿条的琴弓和振动膜。它们的两只前翅的结构完全相同，不过，它的右前翅除了裹住体侧的褶皱外，几乎把左前翅完全遮住。这与绿色蝈蝈儿、白额螽斯和距螽等近亲完全相反，它们是左撇子，而蟋蟀是右撇子。蟋蟀的右前翅几乎完全贴在背上，这个部分的翅脉比较粗壮，呈深黑色；在侧面，它突然折成直角斜落，将身体紧紧裹住，这部分的翼上有细细的翅脉，斜着平行排列。

我观察了许多的蟋蟀，它们都安分地遵循这条普遍的规则，我没发现一个例外的左撇子。我设法人为地将蟋蟀的左前翅挪到右前翅上面，让它用左前翅演奏。但是没过多久蟋蟀就开始对整形手术产生排异反应，费劲地将翅膀扳回原位。

我想，也许是因为成年蟋蟀的翅膜已经僵硬，纹理已经形成，所以无法接受突然的改变。于是，我找来了蟋蟀的幼虫。此时，它的乐器还是稚嫩的四个小薄片，又短又小，还开着叉。我严密地监视着它的变化，终于等到了蜕皮。刚刚蜕皮的蟋蟀，前后翅是纯白色的，翅膀又小又皱。后翅一直是退化的样子，前翅则开始慢慢展开、变大。慢慢地，两只翅膀的边缘碰到了一起，眼看着右前翅就要盖住左前翅了，我对它进行了改造，将左前翅扳到右前翅的上面。

随后的时间里，蟋蟀的翅膀按照这种颠倒的次序生长着，左前翅盖住了右前翅。蟋蟀的翅膀由白色变成了正常的成虫颜色，前翅终于发育成熟了。蟋蟀在我的干预下成长为一个左撇子，这次整形应该说是取得了圆满成功。

然而，新歌手初次登台时，只演奏出几声短促的咯吱声，像是错位的齿轮相互摩擦的声音。最终，在经历一番痛苦的挣扎之后，它硬是将前翅恢复了原位。

通过对蟋蟀的观察研究，我得知：它们的左前翅在平衡方面有一个天生的缺点，所以，就算我从一开始就改变了蟋蟀前翅的叠放顺序，它演奏的时候，还是会不顾一切地将它们扳回原位。至于左边这种天生弱势的原因，要求助于胚胎学才能弄明白。

蟋蟀的前翅除了根部为非常淡的棕红色外，其他部位均是透明的。前面的部分呈三角形，大一些；后面的部分呈椭圆形，小一些。这两处是蟋蟀的发声部位，细薄透明，上面有一条粗壮的翅脉和一些细微的翅脉纹。前面镶嵌着四五条人字形的纹路；后面则画着弓形的弧线。

蟋蟀的前部镜膜比较光滑，呈橘红色。两条翅脉呈平行的曲线状，将前部镜膜与后面分隔开来；它们之中的一条翅脉，是精致的锯齿状，约有一百五十个三棱柱状的锯齿，这就是蟋蟀的琴弓。两条翅脉之间有凹陷，其间排列着五六条黑色的横脉，这是摩擦脉。摩擦脉在演奏中发挥着重要作用，它们增加了琴弓的接触点，从而加强了振动。因此，蟋蟀的歌声十分洪亮，甚至在几百米远的地方也能听到它高亢的歌声。

蟋蟀唱歌时懂得抑扬顿挫。它的前翅在侧面伸出，形成一个宽边。宽边放低或者抬高，就会改变与腹部接触的面积，从而使得声音的强度产生变化。蟋蟀就是利用这个制振器，调节声音的大小高低。它们总是走出家门，在自家门口，一边沐浴着温暖的阳光，一边架起琴弓开始长时间地演奏。它的琴弓发出"克利克利"的清纯声响，这音乐既柔和又响亮，既圆浑又充满律动。它们也经常演唱情歌，那是献给它喜欢的女邻居的动人歌声，歌者用音符来谱写爱意。可惜，要在田野中、在非囚禁的状态下观察蟋蟀的婚礼，难度非常大。我只好在一个网罩里放了好几对蟋蟀，观察它们的交配过程。

　　雄蟋蟀会通过肢体动作和歌声取悦女友，歌声时而灵动，时而舒缓，时而有一会儿静默的间歇。女友最终被这动情的歌声所感动，迎着它的男友走去。雄蟋蟀则掉过头，转身趴在地上，倒退着朝后爬。经过多次尝试，它终于以这种奇怪的姿势钻到雌蟋蟀的身下，交配完成了。雄蟋蟀身体中涌出一个细粒，明年它将变成这对夫妻的后代。

　　这对夫妻住在了一起，却没有开始幸福美满的生活，家庭暴力一发不可收拾。父亲被母亲打得肢残腿断，曾经为它演奏情歌的琴弓也没能幸免，被撕得破破烂烂。六月，我网罩中的囚犯就全部死掉了。它们在与女友的快乐中，热情地消耗自己储存的精力，短暂的欢愉之后是生命的干涸，是死期的临近。

　　我家附近还有三种蟋蟀，它们都居无定所，四处漂泊，今天住在土地的裂缝里，明天可能就躲在一堆枯草下。这些蟋蟀中体型最为小巧的是波尔多蟋蟀，它的歌声十分细微。但是，音量的大小丝毫不影响它的演奏，它毫不吝啬地敞开歌喉，在我家门前的黄杨树下歌唱。

　　只要在夏夜走进田野，就

能欣赏到它们演奏的交响乐。春天，田野蟋蟀迎着阳光拉起了琴弓；夏天，树蟋在静谧的星空下尽情歌唱。春日的暖阳和夏夜的恬静，它们平分这美好的季节；当田野蟋蟀收起琴弓、退下舞台，树蟋就弹奏起小夜曲。

树蟋又叫意大利蟋蟀，它细细瘦瘦，苍白纤弱，全无蟋蟀类所特有的笨重体形；一对大翅膀薄得让人担心，好像一口气就能吹破。树蟋热爱炎热的夏夜，它是不知疲倦的夜晚歌唱家，从七月到十月，从日暮时分到深夜，它一直鸣唱着优美的小夜曲。树蟋的音乐是"克里—依—依"、"克里—依—依"的声音，歌声轻柔舒缓，还带有轻微的颤音，像是温柔地拉着小提琴。

树蟋的乐器十分精致，两只前翅都十分宽大，是呈半透明状的薄膜。前翅下部浑圆，曲线优美。翅面上有三条翅脉，一条较长的纵脉斜着镶嵌在上面，两条横脉与之垂直相交，构成丁字形。当树蟋休息时，翅缘便裹住身体的两侧。

和田野蟋蟀一样，树蟋的前翅也是右前翅压在左前翅上。在靠近臀角的部分有一块厚茧，从那儿辐射出五条翅脉，两条朝上，两条朝下，第五条差不多是横向的，略成棕红色，这些翅脉上还横向排列着细小的锯齿，这就是树蟋的琴弓。前翅的其他地方还有另外几条相对较细的翅脉，这些翅脉不参与摩擦活动，只是把薄膜绷紧。左前翅的结构与右前翅的一样，只有细微的差别：左边的琴弓、厚茧和厚茧辐射出来的翅脉，是位于上部的。

左琴弓和右琴弓彼此倾斜交叉，当树蟋唱出最洪亮的歌声时，两把琴弓都高高竖起，彼此只是内缘相接触。

这时，一把琴弓斜着与另一把琴弓相啮合，相互摩擦着，使绷紧的两片薄膜振动，发出鸣响。

它可以发出不同的声音，每把琴弓在另一个前翅的厚茧上摩擦是一种声音，在四条光滑的辐射翅脉上摩擦就是另一种声音了。它还善于改变音量

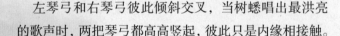

20

的强弱高低，进而误导耳朵对歌声距离远近的判断。它想要高声歌唱时，就将前翅完全竖起；它想要压低声音时，就把前翅多多少少放下些。当前翅放下时，外缘也不同程度地压在它柔软的侧部，振动部分的面积相应缩小，声音也因此减弱了。

田野蟋蟀及其同属的歌者，也懂得这种调节音量的方法。可是，在声音的迷惑性方面，没有哪位歌者能够超过意大利蟋蟀。这位精通音学的演奏家，只要感觉到一点风吹草动、感觉到一点不安全，它就把振动片的边缘放在柔软的腹部，声音忽远忽近，让想要抓它的人迷惑不解，不知道它到底躲在什么地方。

蝗虫并不只干坏事

捕捉蝗虫，可以被视作一种没有多大威胁，男女老幼皆宜的狩猎活动。我和我的助手们曾捕捉过种类繁多的蝗虫，它们如同扇子般突然展开的蓝色翅膀、红色翅膀，在我们的手心乱蹦乱踢的天蓝色或者玫瑰红的带锯齿的长腿，显得可爱而有趣。我们将这些小个子家伙养在网罩里，期待在养殖它们的过程中，斩获一些小秘密。我常常怀疑，蝗虫是否真像教科书上定义的那样是个十足的、一无是处的害虫。

经过长时间的观察、研究，我得出，蝗虫的好处远甚于坏处，至少我这么认为。蝗虫从没有给除亚洲、非洲之外的地区造成过伤害。绵羊不吃长着芒刺的植物，蝗虫吃了，农作物中间那些让人讨厌的杂草也是蝗虫热衷的食物。此外，长不出果实的东西，被其他动物抛弃，而蝗虫却喜欢得不得了。事实上，当人们收割完麦子后，蝗虫才现身，就算它们在菜园子里偷吃了几片生菜叶，那也不是什么不能宽恕的弥天大罪。

鼠目寸光之人，为了他那几个可怜的李子，将宇宙固有的秩序打乱。我们

可以观察一番，假如那些只对蔬菜地造成微不足道破坏的蝗虫彻底消失，会给我们造成怎样的后果。

九十月间，孩子们赶着火鸡群来到收割后的田里。这里是火鸡们的饲料场。它们要在这里吃得肥满，以便到了圣诞节成为餐桌上的一道美味。那么，火鸡的饲料是什么呢？没错，是蝗虫。人们在圣诞之夜吃的味道可口的烤火鸡，很大一部分就是靠上天赐予的、不用花费一分一文的美食喂养成熟的。

在农场周围转悠的珠鸡，毫无疑问，它们在寻找麦粒，但是它们首先关注的却是蝗虫。美味的蝗虫使得珠鸡的腋下长出一层脂肪，从而使它的肉质更为鲜美。爱吃蝗虫的还有母鸡，这种昆虫能促使它们产更多的蛋。如果将它放出鸡笼，它要做的第一件事就是领着小鸡去完成收割的麦田里，寻找营养价值极高的蝗虫。

如果你对法国南部丘陵地区的著名特产红胸斑山鹬情有独钟，恰好你又是一名猎人，当你熟练地将打下来的山鹬的嗉囊剖开，你就能找到这种长期被人污蔑的昆虫为别的动物做出贡献的证明。十只山鹬中往往有九只的嗉囊都装满了蝗虫。如果山鹬能长年尝到蝗虫的美味，对于植物籽粒的印象将会消失殆尽。普罗旺斯的白尾鸟是图塞内尔善于歌唱的黑脚族飞鸟中最为著名的一种鸟类。为了对这种鸟类的摄食习性进行了解，我捕捉到了它，并将它的嗉囊和胃里残存的东西详细记录下来，从而得知了这种鸟类的食物，包括排在最前列的蝗虫，其次是象虫、砂潜、叶甲、龟甲、步甲这样的鞘翅目昆虫。

这种鸟类，我们可以称其为食虫鸟，它对野味从不挑剔，吃浆果是在实在找不到可吃食物之后无可奈何的选择。在我的四十八例记录中，只有三例是吃植物的，而蝗虫是它们最常吃、吃得也最多的昆虫。除了白尾鸟，一些小候鸟的口味也是如此。蝗虫是这些小候鸟最无法舍弃的美味。在荒地里，它们总是争先恐后地捕捉自己的猎物，从而为自己的长途旅行做好能量的储备。

其实，蝗虫也是人和骆驼的可口食物。在肥大的蝗虫身上裹上奶油，撒上盐，再煎一煎，就是一家的晚餐。虽然它身上可食用的肉极少，却有一股虾的味道，说它滋味鲜美，一点都不过分。不过，如果人类想吃蝗虫，势必需要非常强健的胃。

我能确定的是，蝗虫是上天赠予诸多鸟类的食物。鸟类之外，对蝗虫格外倾心的还有爬行动物。眼状斑蜥蜴挺着的大肚子就是一个极好的例证。我还多次看到墙上的小壁虎的嘴里含着费尽心思才捕捉到的蝗虫的残骸。如果能有幸捕捉到蝗虫，鱼类也会感到高兴。这种美味的昆虫，常常以弹拨身上的乐器来表达它们的欢乐。刚吃完午饭后，它们会躺在阳光下休息，同时进行消化活动。突然，这只蝗虫发出声音，这种声音重复了三四次，过了一会儿，它又发出了同样的声音。声音很小，音乐不甚动听，因为蝗虫没有绷得很紧的、如同音簧一样的振动膜。

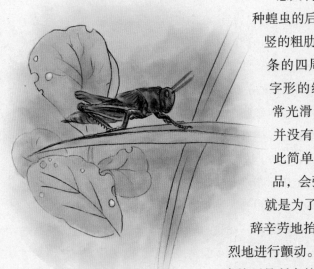

意大利蝗虫就是此间的代表。这种蝗虫的后腿具有流线的外形，两条竖的粗肋条分布于每一面。在粗肋条的四周，排列着楼梯一样的人字形的细肋条。所有的肋条都非常光滑，但是它的前翅以及后腿并没有出奇之处。可想而知，如此简单，甚至鄙陋的发音器实验品，会弹奏出怎样的音乐。然而，就是为了这样微弱的声响，蝗虫不辞辛劳地抬高、放低自己的腿，并激烈地进行颤动。

当然不是所有的蝗虫都用这种方式表达自己的欢乐情绪。拿长鼻蝗虫来说，就算太阳晒得暖洋洋的，它也不作一声。它那修长的大腿，除了跳跃，毫无用处。灰蝗虫的腿也很长，也是闷葫芦一个，但它有自己表达欢乐情绪的方法。在风和日丽之时，我总能看到它在迷迭香上展开翅膀，迅速拍打几分钟，那架势似乎是要飞起来。不过，虽然拍打得格外用力，我们却听不到一点声响。

比灰蝗虫更不济的还有红股秃蝗，它在遍地长满帕罗草的阿尔卑斯地区闲逛散步，它是地中海的客人。在阳光没有被云雾遮蔽的高原地区，红股秃蝗的衣服优雅却又朴素。那看上去像淡棕色绸缎的是它的背部，它的肚子呈黄色，后腿的基节呈珊瑚红，那异常漂亮的是它天蓝色的腿节。

这个家伙有着粗糙的前翅，相互隔开，就像燕尾服的后摆，其长度超不过腹部的第一个环节，比之更短的是后翅，它连前胸都无法遮住。头一回见到它的人们，会错误地将这个家伙看成若虫，然而它事实上已经是发育完全的蝗虫，可以进行交配了。红股秃蝗到死都是这样一副几乎没有穿衣服的尊容。它没有前翅，没有突出的边缘，只有粗粗的后腿。别的蝗虫发出的声音不太响亮，而红股秃蝗是根本发不出声音。不过我认为，这个一声不吭的家伙，一定有属于自己的办法表达自己的快乐，并以此召唤它的伴侣。但我对此一无所知。

至于红股秃蝗为什么没有飞行器官，我无从知晓。它终其一生，一直是一个笨拙的步行者。进化停顿了，有些人这么认为。这样的说辞与没有回答一样。为什么进化会停顿？为了获得美好的未来，也就是能自由地飞翔，若虫的背上长了四个翼套，里面藏着各种有益的基因，这些基因都按正常的进化法则安排妥当。不幸的是，成年蝗虫依旧没有翅膀，它的衣服依旧是残缺不全的。这种情况是否与阿尔卑斯山艰苦的生活条件相关呢？这种可能性根本不存在，因为就在同一地区，其他的一些昆虫还是能够从若虫赋予的基因里获取长出翅膀的能量。

在条件允许的情况下，经过不断尝试，动物终于如愿以偿地获得了某种器官，这是人们早已形成定式的看法。他们的解释是动物们需要这么做，而不承认其他富有创造性的作用。其实那些蝗虫，尤其是生活于万杜山上的蝗虫，经过千百年的繁衍生息，原本可以从若虫外头的短小后摆长出前翅与后翅来。那么，红股秃蝗为什么只保留了飞行器官的基因，却没有因此生出翅膀来？我宁愿承认自己对此一无所知，而不作任何无意义的揣测。

迷人的大孔雀蛾

一只大孔雀蛾在五月六日的上午从我实验室桌子上的茧子里孵了出来。这是一只雌性的大孔雀蛾，我赶紧把这只蜕变了的大孔雀蛾放进我的金属钟形网罩内。它浑身湿透了，这是因为羽化时的潮湿导致的。

大孔雀蛾拥有美丽的外表。它们穿着栗色的天鹅绒外套，还系着一条白色的皮毛领带。它的翅膀中间有一个圆形的斑点，就像是一只漆黑亮丽的眼睛。这个圆形的斑点拥有美丽的光环，像彩虹一样，栗色、鸡冠花红色以及白色等色彩交相辉映。翅膀的周边呈烟熏的白色状，而中间则有一条之字形的曲线穿过，同样是白色的。此外，大孔雀蛾的翅膀上还布满了灰色和褐色的斑点。

如此美丽的昆虫，很难让人将其与毛虫联系起来。但美丽的大孔雀蛾千真万确是由毛虫变来的。大孔雀蛾的毛虫拥有黄色的外表，体节尾部环绕着黑色的纤毛，这些纤毛稀稀疏疏地分布着。一些闪亮的蓝绿色斑点镶嵌在毛虫体节的末端。老巴旦杏树叶子是大孔雀蛾毛虫的食物，它们的茧子通常都与树根部的树皮紧挨着。这些茧子呈褐色状，好像渔夫的捕鱼篓一样，长相奇怪，而且非常粗大。

完成华丽转身的大孔雀蝶安静地待在金属罩子里，直到晚上快九点的时候，我听到隔壁房间的一阵骚乱声。我跑过去，看到数不过来的大孔雀蛾飞满了房间。这些大孔雀蛾正是早上被囚禁起来的那只雌蛾招来的，想必它们已经把我的整个房子都占领了。幸亏有一个窗户还开着，这能够让它们畅通无阻地从我的居所中出去。

走进实验室后看到的场景更是让我记忆犹新。一群大孔雀蛾围绕着关着那只雌蛾的钟形网罩飞着。它们一会儿飞过来，一会儿又飞走，与天花板等实物碰撞，发出噼噼啪啪的声音。它们有时会抓住我的衣服，与我的脸相擦，还会扑打我的肩膀，有时候又向蜡烛扑过去，用翅膀将烛火拍灭。算上卧室和厨房里的那些，我的住所里一共飞来了四十只左右的大孔雀蛾。

后来我才知道，这些不速之客是来向这只雌蛾求爱的，那四十余只雄性大孔雀蛾是怎样获得信息的呢？我对这群大孔雀蛾的观察持续了八天。在这八天之内，它们每次都是在同一个时间段出现在我的居所里，也就是晚上八点到十点之间。大孔雀蛾们需要迂回地穿过一片杂乱的树枝和深黑的夜色才能到达我的住所。我的家有杉柏和松树的遮掩，整座房子都隐没在高大的法国梧桐树丛之中。在离居所大门几步远的地方有一道壁垒，那是由一些小的灌木丛形成的。还有一条通往居所的小路，就像房子的前厅似的，周边长着繁茂的蔷薇和丁香。

在这样的重重困难之下，大孔雀蛾居然义无反顾地飞来了。而且它们在飞行的途中根本没有撞上任何东西。大孔雀蛾能依靠本能，在曲曲折折的路线中准确无误地把握方向。它们是如何办到的呢？

大孔雀蛾不可能是依靠强大的视觉来到这里的。即便它们的视网膜能够感受到一般视网膜所无法感受的光线，也不可能强大到能够在很远的距离内得到感知。嗅觉和听觉的情况也是如此。

我在实验室周围的其他地方也看到一些大孔雀蛾。它们有的从下面飞进来，在前厅中徘徊，顶多也就是飞到楼梯跟前。不过楼梯的上面是一扇紧闭着的门，这是一条死路。除了一般的光辐射带给大孔雀蛾通往目的地的信息的同时，还有另一种东西从远处为它们提供信息。这种信息把大孔雀蛾引到目的地附近，让它们在徘徊中寻找确切无误的地点。

大家猜测为大孔雀蛾提供信息的另一种东西是它的触角。雄性大孔雀蛾拥有具备探测器作用的宽触角，处于发情期的它们正是靠着触角发出的信号来到雌性大孔雀蛾的藏身之地的。那么，大孔雀蛾身上披着的那身美丽的外套就没有为它们提供一些信息吗？难道这身华美的羽毛饰就只是作为衣服来穿的吗？

　　在对这群大孔雀蛾进行观察的第二个夜晚里，我找到了八只在十点之后仍旧不肯离去的大孔雀蛾。我将这八只大孔雀蛾的触角用剪刀齐根剪了下来。这些被做了手术的大孔雀蛾好像并没有因为被剪去了触角而感到痛苦，只是在窗户上静静地停留着，直到这一天彻底过去。

　　为了得到更好的研究成果，我将雌性大孔雀蛾转移到了住所中另一边的门廊下，并将钟形网罩放在了地上。这个地方距离我的实验室大约有五十米左右。

　　夜晚到来之后，我对那八只被剪掉触角的雄性大孔雀蛾进行了最后一次观察。它们中的六只已经消失不见了，而剩下的两只则都掉在了地板上，看上去筋疲力尽，没有丝毫生气可言。不过，这并不是因为我除去了它们的触角，而是因为它们的衰老所致。

　　那么，那六只消失不见的大孔雀会不会再次找到装有雌蛾，而且已经被换了地方的钟形网罩呢？

　　我准备了一个暂时安放雄性大孔雀蛾的房间，这个房间比较宽敞，没有任何装饰，所以不会有东西对大孔雀蛾造成伤害。我时不时地提着灯笼来到安置雌蛾的钟形网罩面前。飞来的大孔雀蛾通通被我抓住，我对它们进行了一番辨别之后便把它们放进了刚刚准备好的临时房间。

　　我在十点半之后结束了这一晚的实验。在收集到的二十五只大孔雀蛾中，我发现了一只被剪去触角的。这是一个比较微小的成果。在昨天被剪去触角的那六只大孔雀蛾中，只有其中的一只再次寻找到了雌蛾的所在地。这个实验结果并不能对触角的作用作出任何肯定或是否定性的判断，所以更大规模的实验迫在眉睫。

　　到了第二天早上，我再次对这二十五只大孔雀蛾进行了观察。除了那只已经被剪去触角的大孔雀蛾以外（事实上，它已经快要死去），我对其他的二十四只大孔雀蛾也实施了剪除触角的手术。之后，我把这间房的房门打开，让它们可以自由地离去。在这二十四只被动了手术的大孔雀蛾中，已经有八只衰弱到快要走向死亡，只有另外的十六只离开了房间。

　　为了保证实验的准确性，我又把装有雌蛾的钟形网罩换了地方。这次我把钟形网罩放在了底楼侧面的一个房间中，而且保证进入这个房间的通道没有阻碍。这个晚上，前一天离去的十六只大孔雀蛾中，没有一只再次找到这个钟形网罩。

　　这样看来，被剪掉了触角对于大孔雀蛾来说确实有些严重。但是在下这个结论之前，我还有一个很大的疑问没有解决。被剪去触角的雄性大孔雀蛾会不会是因为缺少了器官而羞于出现在雌蛾面前？我需要再次进行实验。

　　这是实验的第四个夜晚。这一次我抓了十四只大孔雀蛾作为实验的对象，它们全都是完好无损的新来者。我照旧找了一个临时安放它们的房间，并且让它们在那里过夜。到了第二天，我在它们一动不动的时候拔掉了它们前胸的一些毛。

　　夜晚来临，我又对钟形网罩的位置做了变更。这十四只大孔雀蛾中没有一只变得精疲力竭，它们全都在夜间开始了活动。两个小时过后，我一共抓到了二十只前来求爱的雄性大孔雀蛾。然而，只有两只是被我拔过毛的，其他的十二只全都没有再次出现。看来它们的求爱欲望已经完全消失了。

　　每次雄性大孔雀蛾在我的强制之下度过一个夜晚后，我都会在第二天看到它们精疲力竭的状态。对此我唯一的解释就是：它们的求爱欲望已经没有了。由此可见，雄性大孔雀蛾一生的唯一目标就是求爱。这也是所有蝶蛾都具有的本能。

这样的本能让它们飞过很长的距离、越过很多的障碍以及穿过深深的黑暗，最终找到自己所喜欢的雌蛾。而失去这些本能的大孔雀蛾便会失去求爱的欲望。它们会在一个角落中等着死亡的来临。

与那些终日忙碌于觅食的蛾子相比，大孔雀蛾绝对是一位禁食者。它们不需要依靠进食来恢复体力。大孔雀蛾的口腔器官其实是个空洞的东西，一个不折不扣的半成品。由于不懂得吃东西，所以只需要熬上两三个夜晚，它们就会在精疲力竭中结束自己短暂的生命。

第三章

蟹蛛：蜘蛛和螃蟹的混血儿

用拉丁语给动植物命名是学术界的一条规矩，但是这种规则之下常常衍生出令人不悦的现象：很多学术名词不能遵守古时的谐音，以至于默念它们时从口中发出的声音就像打喷嚏一样。当然其中也不乏优美的名字，比如我接下来要介绍的蟹蛛。

光听这个名字我们就能想象出来，这种小昆虫就像蜘蛛和螃蟹的混血儿一样，它像其他蜘蛛一样吐丝，却像螃蟹一样横行。从外形上来说，蟹蛛和螃蟹的区别很大，虽然它的前步足也比后步足粗壮，但是它不像螃蟹一样长着厚厚的、锐利的、令人心生怯意的钳子。不过，从生活习性上来说，这种小昆虫和其他蜘蛛的确有很大区别。

蜘蛛捕食大多要通过结网捕猎，享受那些撞到蛛网上的美食之前，它们常常会用自己吐出来的绳索把猎物捆绑起来，但是蟹蛛却不同，它既不用网也不用绳圈。

根据我的观察，蜜蜂是蟹蛛最爱的食物之一，所以蟹蛛常常会埋伏在花丛中等待猎物的到来。我多次在花丛旁边见到可怜的蜜蜂和刽子手蟹蛛之间的生死搏斗。

勤劳的蜜蜂把自己的花篮装满后，肚子就鼓了起来，它心满意足地准备离开。就在这时，隐藏在花丛下的蟹蛛会小心翼翼地爬出来，慢慢地向打算满载而归的工作者靠近。一瞬间蟹蛛迅捷地扑向了毫无防备的采蜜匠，咬住它的后脖颈根部。蜜蜂几乎没有任何反抗，偶尔有清醒者拼命挣扎，甚至用螫针乱刺，但是，被美食诱惑着的饥饿蟹蛛也不会松手。过不了多久，可怜的蜜蜂死去，而这场战斗的胜利者就会自在地享受一顿美餐——吸干猎物的血，然后抹抹嘴巴，将干瘪的尸体弃置一旁，重新潜伏起来等待下一只猎物。

蟹蛛捕杀蜜蜂时非常凶狠，却又像很多柔弱的昆虫一样畏冷，所以它几乎没离开过橄榄树的故乡。如果去参加在南方地中海地区常绿的矮灌木丛中举行的五月节，就一定能见到这种蜘蛛，亲眼见证它的优雅姿态。

蟹蛛的身材看上去并不是很好，它像其他蜘蛛一样有三角形的躯干，身体下端左右两侧还各有一块乳突，就像驼峰一样。但是它的优雅不会因为肚

子的臃肿而打折扣，它那绸缎一般的皮肤令人赏心悦目。乳白色和柠檬黄是蟹蛛皮肤的两种主要颜色，还有一些蟹蛛的腿上遍布着玫瑰红色的条纹。它们似乎还热衷于"文身"，那文在背上的胭脂红色的曲线和胸部两侧的淡绿色条纹都十分精致。

不为人知的是如此美丽、凶残的蟹蛛其实是个非常慈爱的母亲，尽管它会无情地食用别人的孩子，可它却很爱自己的孩子，它可能比自然界里很多温和柔顺的昆虫都要更爱自己的孩子。

蟹蛛那个累赘的肚子是用来储存丝的，但它几乎从来不用腹中的细丝线来捕食，而是将其用作给婴儿筑巢保暖的材料。蟹蛛的筑巢技术一点都不比它的猎食技巧逊色。

在筑巢之前，蟹蛛会先选择一块高地，通常是它平时捕猎的岩蔷薇上的一根长得很高的枯树枝。蟹蛛的窝多是把枯叶卷起来做成的，巢的形状很像微型的窝棚。

蟹蛛轻轻地上下摆动身体，纤巧的细丝就会左右缠连起来拉向四周，最终织成一个纯白的不透明圆锥形袋子，一部分露在外面，一部分被树叶遮蔽着，仿佛与枯叶融为一体；除非仔细观察，否则很难发现。这小巧而隐蔽的窝棚就是蟹蛛为自己即将出生的孩子准备的安乐窝。

蟹蛛会把卵产在窝里，然后用同样的白丝织成一个精巧的盖子把袋子密封起来，再用几根丝织成一个又圆又薄的像吊床一样的凹槽，然后蟹蛛母亲就在这个小小的窝里休息，并守护自己的儿女。蟹蛛一般都平趴在那里，警惕地打量着周围的动静，只要稍微有一点风吹草动，它就会立刻进入备战状态。它们会为了保护那个像小球一样的卵和"敌人"殊死搏斗，令人心生敬畏。

但是，这些伟大的母亲固然勇敢，却又有些盲目。它们往往分不清别人产的卵和自己产的卵，也分不清别人的织品或自己的织品，如果我们把蟹蛛强行带到一个新的蛛网或者巢里时，前一分钟还表现得气势汹汹的小昆虫很可能会立刻安静下来，把那里当成自己的家，甚至会把别的蜘蛛产下的卵当作自己的。

　　我曾经把一只蟹蛛转移到了另一只蟹蛛筑造的形状相似的巢里，尽管那个袋子上的树叶排列与它之前住的地方大不相同，但它还是在那里安了家，并不再挪动，它就那样虔诚地保护着这个和自己毫无关系的领地。

　　不分昼夜守在巢里的蟹蛛变得又瘦又干，我心中不忍，就想给它一些蜜蜂。但是它一点兴趣都没有。我越来越不明白，它这样不吃不喝很快就会死去，它究竟在等待什么呢？

　　一直等到小蟹蛛们从卵袋里爬出来的那天，我才懂得了蟹蛛母亲的良苦用心，明白了它那份母爱的坚贞和伟大。

　　原来，蟹蛛的袋子外面覆盖着一层坚韧的树叶，它永远不会像彩带蛛的袋子那样自动爆裂，并把小彩带蛛从袋子里弹射出来。只要包裹在卵袋外面的树叶没有撕裂，巢里的小蟹蛛就会一直被困在里面。蟹蛛母亲就是在等待合适的时机，当小蟹蛛们在卵袋里发育得差不多了，母亲就会拼掉最后的力气为孩子们在盖子上咬开一个洞，给自己的孩子一个出口。当小蟹蛛们混乱地钻出来时，它们的母亲已经紧紧贴在它的窝上，安然地死去了。

　　小蟹蛛们显然并未注意到那具贴在巢上的干尸，它们赶着去呼吸七月份那潮湿而充满活力的空气。我把几根细细的树枝安在了原来卵袋的盖子顶上，它们爬出来之后就争相聚集在上面，开始左拉一根丝，右牵一根线，很快就在那里织出了一个宽敞的临时场地，然后安安静静地躲在那几根树枝里。

　　接下来，我把其中一根树枝放在了窗台前的一张小桌子的背阴处，突然的移动让附着在上面的蟹蛛陷入了混乱，有些小家伙很紧张从树枝上跌落下来，但幸好它们有最好的降落伞——把丝向上收起，就能吊在空中并慢慢爬上去了。混乱只持续了一小会儿，小家伙们就又安静了下来，似乎并不急于迁徙。

　　为了看到它们的迁徙过程，我把那些载着小蟹蛛的荆棘放到了窗台上，在强烈的阳光炙烤下，蟹蛛们纷纷爬到树枝的顶端，变得活跃起来。在这个露天舞台上，天才的杂技师们动个不停，纷纷从纺丝器里往外拉丝，仿佛在制作一条最结实的高空缆绳。

小蟹蛛们准备出发了，最开始它们三四只作为一个小组同时出发，离开树枝后又朝着不同的方向飘去，仍然留在树枝上的后续部队好像有些焦急，不停地往上爬。当它们到达某一个高度后，就停止了攀登，我还没来得及看清楚，它们忽然就荡到了空中，从身体里扯出来的丝闪耀着亮晶晶的光芒。

在阳光下，小蟹蛛们得意地晃动身体，如即将远征的战士一样。随后，它们随着微风越飞越远，或高或低，渐渐消失不见。

它们采取怎样的方式降落呢？会落到草丛里、灌木中、树枝上，还是岩缝里，我都不得而知。但我确定它们一定会落下来的。

那些刚刚离开了巢穴的小家伙们是那样弱小，这让我有些担心，我自然不能期待它们去捕食比自己身躯庞大很多倍的蜜蜂，但即使想提住小小的飞虫，应该也非常困难吧。

尽管如此，我还是安慰自己：有什么可担心的呢？到了明年春天，我一定会再见到它们，那时候这些蟹蛛早已长大，或许已经成了潜伏在岩蔷薇丛中的秘密杀手了吧。

圆网蛛的电报线

炎夏的田野里一片欢声笑语。蝗虫比任何时候都跳得高兴，蜻蜓比任何时候都飞得轻捷。我无意于听它们的笑声，因为圆网蛛几乎吸引了我所有的注意力。我发现在我观察的六种圆网蛛中，只有彩带蛛和丝蛛能够忍受夏日的灼热，它们始终停留在网上。而其他蜘蛛在白天完全不见踪影，它们会跑到离网不远的灌木丛中，躲在几片叶子的后面，一动不动，直到夜幕降临。

如此，问题就来了。蜘蛛织好捕虫网以后，静静等待猎物自投罗网，现在它们多了起来，如果有不小心粘上蛛网的冒失鬼，身在远处的蜘蛛会知道意外

的收获吗？它会立即赶过来享受美餐吗？其实，担心是多余的。

我曾经在彩带蛛的黏胶网上，放上了一只刚刚因硫化碳而中毒窒息的蝗虫。我故意把死蝗虫摆在守在网中心的蜘蛛附近，可是它居然丝毫不理会我的好意。过了许久，它依旧无动于衷。我有点不耐烦了，用一根长长的麦秸稍稍地拨动一下死蝗虫。这一下，彩带蛛和丝蛛立刻从中心区跑过来，别的蜘蛛也从树叶中下来，全部奔向蝗虫，像对待活猎物似的，齐心协力用丝把它捆起来。可见，只有网发生震动，蜘蛛才会发起进攻。

我想，会不会是因为蝗虫的外衣灰灰的，蜘蛛看不清楚才不采取行动呢？于是，我用红色又做了一次实验，因为红色对视网膜而言是最鲜艳的。由于蜘蛛吃的野味中没有穿鲜艳的红衣服的，我便用红毛线做了一个像蝗虫大小的诱饵粘在网上。可是蜘蛛依旧一动不动，只有当我用麦秸拨动这个小包裹，它才会急急忙忙地跑过来。

一些狡猾的蜘蛛用触肢和步足探了探，立即发现这小东西没有价值，不值得浪费它们的丝去做无用的捆扎，扭头就走了。还有一些蜘蛛，头脑很简单，像对待一般猎物一样，用丝把小东西包裹起来，甚至咬了咬这个诱饵，为的是在享受美餐之前先让猎物中毒，之后它们才发现上当，失望地走开了。

不管狡猾的还是幼稚的，它们都是极端近视的，这个没有生命的东西就躺在眼皮底下，它们还是会用脚探测，或者需要咬一咬才会觉察到自己的错误。在很多情况下，它是在漆黑的夜间捕食，就算有再好的眼力也没有用。既然它们不是靠视力得到消息的，那么，需要从远处侦查猎物时，该如何是好？

为了找出这种远距离传递信息的仪器，我随便找了一只白天躲在隐蔽处的圆网蛛，在它编织的网后面注意观察，一根丝从网的中心拉出来，以斜线往上拉到网的平面之外，直到蜘蛛白天所待的埋伏地。除了中心点，这根丝同网的其他部分没有任何关系，跟框架的线也没有任何交叉。这条线毫无阻碍地从网中直通到埋伏地。这根斜丝是一座丝桥，确保在紧急情况发生时，蜘蛛能够急忙来到网上，巡查结束后又能够返回驻地。

如果这只是一条连接隐蔽所和网之间的快速通道，那么把丝桥搭在网的上部边缘就行了，这样既可以减少路程，也可以使斜坡不那么陡。可是，为什么这根线总是以黏性网的中心为起点，而从来不会在别处呢？

我放了一只蝗虫在网上，被粘住的昆虫难受地挣扎；蜘蛛立即兴致勃勃地跑出住所，爬过丝桥，奔向猎物，用线把它捆绑起来施行手术。稍后它用一根丝把蝗虫固定在纺丝器上，一路拖回了自己的隐蔽处，慢慢地享用。这过程像往常一样，没有任何新情况发生。

过了几天，我轻轻地用剪刀把线剪断了，然后把另一只蝗虫放到网上。猎物拼命地挣扎，晃动了网，可蜘蛛却一动不动，一副事不关己的样子。有些人可能以为，丝桥断了，蜘蛛跑不过来，所以只能待在原地干着急。实际上，网有许多根丝系在枝丫上，蜘蛛有百十条路可以通向它该到的场所。可是，圆网蛛哪条路都不走，安静地待在家里。

原因是，网的中心点是辐射丝的会聚处，是一切震动的中心点。网上任何部分发生的震动都会传送到这里。因此，从中心点拉出一条线，就可以把猎物在网上挣扎的地点信息输送到远处。蜘蛛拥有的不只是一座丝桥，更是个信号器，是根电报线。

当蜘蛛的电报线被我剪断以后，它根本就没有得到远处猎物颤动的信息。整整一个小时过去了，圆网蛛终于警觉起来，它感觉到脚下的信号线不再绷得紧紧的，便动身过来了解情况。它随便搭着框架上的一根丝，轻松地进入网中，然后发现了蝗虫，于是立即把它捆起来，还重新架设了信号线来取代我刚才剪断的那一根。通过这条路，蜘蛛拖着猎物返回了家。

我的邻居粗壮的角形蛛，有一条三米长的电报线。早上我发现它的网上什么都没有，也毫无损坏的痕迹，说明昨夜捕猎的情况不好，蜘蛛一定饥肠辘辘了。

我把一只蜻蜓粘在网上，对蜘蛛来说，蜻蜓是非常优质的猎物。绝望的蜻蜓挣扎着，把网晃动个不停。躲在高处的蜘蛛立即跑出柏树叶中的隐蔽所，顺着它的电报线飞快来到蜻蜓那里，捆绑完毕以后立即带着俘虏原路返回，那可怜的俘虏在它的脚后跟上晃动。它回到绿色的休息地安安静静地美餐了一顿。

几天之后，我事先把警报线剪断，然后放上了一只粗壮的蜻蜓，不论它怎么激烈挣扎，蜘蛛都没露面；我耐心地等了一天，还是没见蜘蛛下来。它并不是无视猎物，而是根本不知道有猎物在那里。因为它的电报线断了，它无法获知树下三米处发生的事。夜深人静的时候，它离开家，来到已成废墟的网上准备修葺丝网的时候，终于发现了蜻蜓，于是迫不及待地就地把蜻蜓吃掉了。

漏斗圆网蛛也有这种信息线的基本机制，只不过它的捕获流程被大大地简化了。它生长在春季，特别擅长在迷迭香花朵上捕捉蜜蜂。漏斗圆网蛛会用丝做一个海螺壳式的窝，大小和形状就像一个橡栗的壳斗，将其安置在一根长着叶子的枝丫梢上。它惬意地把大肚子放在圆圆的窝里，前步足支在边缘上，时刻准备跳出去。

它的网也遵循圆网蛛的惯例，垂直，很宽，总是离蜘蛛待着的小窝棚非常近。蛛网由一个角形的延伸物与住所相连；在这个角中总有一根辐射丝，来自网的中心，从网任何地方的颤动都会聚在那里，及时地给蜘蛛提供信息。漏斗蛛就坐在它的漏斗里，步足始终不离开这根辐射丝。因为这根辐射丝是粘虫网的一部分，同时又能通过颤动把信息传递给它，因此漏斗蛛就不需要多设一根专门的线。

对于那些白天住在远离丝网的隐蔽所里的蜘蛛来说，一根用来和蛛网保持联系的专线是必不可少的。不过，这种装置只有在年老的蜘蛛那里才能找到，它们需要在绿荫下深思和假寐，所以才安了一根电报线来了解网上发生的事情。年幼的圆网蛛则非常警觉，也不会打电报的技术。更何况它们的网存在的时间短暂，到了第二天几乎就变得破烂不堪、什么都逮不到了，所以根本就没有装报警器的必要。

漏斗蛛在这方面可以省不少力气，它一直把脚踩在电报线上，避免了持续警戒的辛苦，让自己能够安闲自在地休息，甚至背对着网也能够时刻了解发生的事。

也许有人会觉得电报线就像门铃绳一样，拉一拉就会把晃动传送过去。但是，蜘网多次被风吹得直摇晃，网架的许多部分被空气涡流震得拉过来、扯过去，报警线一定也把这种晃动传送给蜘蛛了，为什么蜘蛛从来没有因此从窝里出来过呢？可见，它的仪器比门铃绳更好；它是一部电话机，能够把声音的颤动传输过来。蜘蛛用一只足抓住它的电话线，用足聆听；它能感觉最隐秘的颤动，也能轻易地辨别出哪种颤动是来自俘虏的，哪种颤动是来自风的捉弄。

攀高能手纳博讷狼蛛

在一个阳光明媚的午后，狼蛛母亲会背着小狼蛛从洞穴里出来，然后蹲在洞口，任小狼蛛们自行离开。小狼蛛们通常会先晒晒太阳，等到有些厌倦时，分批离开。

我从圆形网罩中目睹了这样的场景。小狼蛛一组一组地离开母亲，在地上快步地走了一阵之后，便往网纱上爬，穿过网眼，一直爬到圆顶上。所有的小狼蛛都往高处爬，没有一只例外。它们在圆形网罩顶的圆环中穿过几条丝线，然后从圆环向周围的网纱上也拉了几条丝，然后在这些丝线上不停地走来走去。看到它们那纤细灵巧的足时不时地张开，我才明白，它们希望到达更高更远的地方。

于是，我找来一根树枝，并将树枝架在网罩上，高度一下子就增加了一倍。小狼蛛们发现了这根树枝，立刻沿着它往上爬，一直爬到最高处。接下来，就像在网罩上所做的一样，小狼蛛又在树枝顶端拉了几根丝，把丝的另一端搭在周围的物体上，然后又开始徘徊。看来，它们还需要爬得更高。

这一次，我在树枝上接了一根三米长的芦竹。小狼蛛们再次沿着这根芦竹向上攀爬，爬到最高处之后，它们吐出了更长的丝。这些丝有的在半空中荡来荡去，有的则系在周围的物体上，变成一座座桥。小狼蛛们在桥上站着，这时，一阵风吹来，扯断了固定在芦竹顶端的丝线，小狼蛛们吊在丝线上，被随风吹远，如果顺风的话，它们将在很远的地方着陆。

就这样，没过多久，所有的小狼蛛就都消失在远方，圆形网罩内只留下孤零零的狼蛛母亲。但是，这位母亲似乎并不感到悲伤，它仍然皮色光润，身材丰满，看起来十分健康。送走自己的孩子后，或许是因为少了负担，狼蛛母亲的胃口甚至比以前更好。在晴朗的春季，狼蛛母亲显得活力四射。狼蛛是很长寿的昆虫，至少能活五年，有时我们还可以见到它们三代同堂的景象。

回想起小狼蛛的举动，我不得不提出疑问：我见过的狼蛛无不生活在地面上，有时是在低矮的草丛里，有时是在低洼的井里，可为什么它们在离开母亲时，要拼命地爬那么高呢？事实上，无论是成年狼蛛还是年轻的狼蛛，它们都从不离开地面向高处攀爬。成年狼蛛潜伏捕猎，而年轻的狼蛛则在稀疏的草地上围猎，它们都不需要织网，所以也不需要高处的黏结点，这样一来，自然也就无须离开地面爬到高处。

狼蛛的一生中，唯有在离开母亲背部的那一刻，会热衷于登高，在此之前，它们没有这个爱好；在此之后，这一爱好也不再重现。难道这只是它们一时的心血来潮？

攀登得高一点，再高一点，

这就是小狼蛛们的想法。不仅纳博讷狼蛛是这样，其他种类的蜘蛛也有类似的登高爱好，如圆网蛛、冠冕蛛等。但是，与圆网蛛相比，纳博讷狼蛛的攀高习惯显然更为怪异，因为圆网蛛并不是生活在地面上的种族。至于冠冕蛛，我们不妨先看一看发生在它们身上的分离场面。

一次，我在荒石园小径旁一簇薰衣草下面找到了两个冠冕蛛的巢。为了研究它们的迁徙，我准备了两根五米长的竹竿，从上到下缠满细细的荆棘。我把其中一根插在薰衣草丛中，紧挨着第一个蛛巢，并把周围的草木除掉了一些；另一根则插在荒石园中间，离周围的草木有几步的距离，然后将裹着薰衣草的第二个蛛巢固定在这根竹竿的底部。

五月中旬，蛛巢中的卵孵化了，仅仅一个上午的时间，小蜘蛛们就全部钻出来了。它们获得自由后，爬到了巢穴周围的薰衣草枝杈上，在上面拉了几根丝线之后，就凑在一起，挤成一团，形成一个核桃大小的球形，安静地打起了瞌睡。

我用一根草秸敲了一下，聚作一团的小蜘蛛们立刻醒过来，圆团膨胀开来，向外扩散，变成了一个透明的轨道包围面，无数的小足动来动去，丝线绷在了轨道上。小蜘蛛们织出了一张纤细的网，这张网裹住了散开的小蜘蛛。变天的时候，小蜘蛛立刻又恢复成球形，聚集在一起，正如在田间遭遇暴雨的羊会聚拢在一起，用背部作为大雨的屏障一样，冠冕小蜘蛛们也懂得用群体的力量抵御恶劣的天气。

如果天气晴朗的话，小蜘蛛们就会开始向上攀爬。有时，经历了一上午的勤劳工作，它们也会聚在一起休息。下午，它们到达了更高处，在夜晚来临之前，它们会织出一顶圆锥形的帐篷，然后在帐篷里抱成一团度过长夜。第二天早上，太阳刚出来，小蜘蛛们就再次出发，向更高处挑战了。三四天后，它们终于抵达了竹竿的顶点。

要不是我设置了障碍，小家伙们本来应该可以攀爬得更快一些。在自然条件下，它们可以充分利用周围的灌木和荆棘作为支撑点来支撑在空中荡来荡去的丝线。凭借这些桥，冠冕小蜘蛛就更容易分散开来，在适当的时间进行迁徙。

但是，当我人为地把周围的支撑物除去时，小蜘蛛们就失去了架桥的机会，因为要到达几步远的荆棘和树枝，它们吐出的丝线显然还不够长。于是，它们只能聚在一起往上爬，直到爬上顶端。我怀疑，五米长的竹竿仍然不是它们攀高的极限。

由此可见，幼小的蜘蛛们之所以要往高处攀登，是为了便于离开母亲，向远方迁徙。而在低处，它们无法乘上气流，顺风飞翔。让我们回到纳博讷狼蛛的疑问上，刚刚独立的小狼蛛，仿佛突然爆发了某种本能一般，执着地向高处进发，而数小时之后，这种本能又会凭空消失。从此，狼蛛们一生都将在地面上流浪，再也无法从高处俯瞰自己生存的大地，再也无法乘风飞翔。

在我们人类看来，这或许是一种奇怪的现象，但是，对于纳博讷狼蛛来说，这就是不可更改的命运。本能在它需要时突然出现，在它不需要的时候便突然消失了，它们一生只有一次抵达高处，然后完成一生仅有的一次旅行，展开独立的生活，一切都是那么自然。

第四章

假装优雅的修女螳螂

有一种昆虫跟蝉一样引人注目，同样生长在南方，但是名声跟蝉比起来，要略微小一些，因为它不像蝉一样，一天到晚唱个不停。如果它也能够像蝉一样，有一个小音箱，再加上它非常独特的外形，那么蝉恐怕早就被比下去了。这个昆虫就是修女螳螂，当地人叫它"祷上帝"。

之所以这样称呼它，是因为螳螂在捕食前会摆出一种类似祷告的姿势，所以有很多人认为它是一个传达神谕的女预言家。早在古希腊时期，就有人把这种昆虫称为"占卜士"、"先知"。其实虔诚的祷告后并不是礼拜，而是一场残忍的盛宴。它的虔诚是假装出来的，残酷才是真正的本性。伸向天空的双手不是用来祈祷，而是用来撕裂俘虏的。

螳螂本来属于直翅目食草昆虫，可是现在它已经因为与众不同的习性而完全独立成螳螂目。对肉类的痴迷、一对有力的前足、无懈可击的攻击套路，无疑让它成为昆虫界的霸王，所谓的"祷上帝"的修女其实是十恶不赦的恶魔。

先不说它那攻击力极强的捕捉足，单就外形来说，它真的是一位优雅的修女，仪态万方，身形细长，整体翠绿，头从胸腔里伸出来，能够左右旋转，仰头，低头，有点像人，能够自由地引导自己的视线。头上也没有食肉昆虫那有力的大颚，它的嘴甚至也是很秀气的，好像只能啄食地面上的小草一样。整个螳螂看起来是这么的优雅安详，谁能想到转瞬之间它就会变成一个凶狠的杀手。

44

它的前足节很长，像织布的梭子，内侧有两排锋利的锯齿。为了迷惑被捕食者，它们还在这里做了一点点装饰，前胸的内侧有一个黑色的圆点，中间还有一点白色，两旁还装饰着珍珠一样的小圆点，看起来的确很美。被捕食者往往会被这样的外表所迷惑，忘记了危险，忘记了逃脱，这样螳螂的目的就达到了。

螳螂的前足内侧黑色的长锯齿和绿色的短锯齿共有十二根，排列成长短交错的阵形。这样的构造使螳螂在撕咬食物的时候有许多啮合点，增加螳螂的攻击力。而外面一排锯齿就相对简单一些，只有四个刺齿，在内侧锯齿的最末端还有三根最长的齿，这就是捕捉足的构造。

胫节与腿节相连的地方也是一把有两面的锯齿，这里的小齿更加细密一些，当然反应也更加灵活，跗节上有一个十分锋利的硬钩，钩的下面有一道细细的凹槽，里面是一把用来修剪枝叶的双刃刀。螳螂不想狩猎的时候，就会把双刃刀高高地举起，装出一副虔诚祷告的样子，等到它想捕食、周围又有猎物经过的时候，它就会立刻展开自己无懈可击的攻击术。

螳螂先把跗节上的硬钩尽量地抛向远处，这样才能够钩回食物，然后就把猎物紧紧夹在两个钢锯一样坚固的钳子中间；然后，胫节向腿节的方向弯曲，一切就这样结束了，老虎钳子已经合上了，不管被它夹住的猎物多么强壮，只要这一系列的动作完成了，就别想再逃脱。螳螂还是会保持着自己优雅的姿态，直到猎物精疲力竭、放弃挣扎，它就开始享受自己新鲜的盛宴。

为了能够清楚地了解螳螂的习性，我决定饲养几只螳螂。饲养的过程很简单，我只要每天向玻璃器皿中放入丰盛的食物，这个凶残的捕食者就会很配合我的工作。到了八月的下旬，肚子渐渐大起来的母螳螂越来越多，它们的食量也越来越大，我必须放进去比以前多好几倍的食物，才能满足它们日益增大的胃口。当然其中还有另一个原因，那就是浪费。螳螂似乎知道我为了观察研究它们，会不断地往实验室中放置肥美的食物，所以，有很多新鲜的猎物它们只吃了几口就扔在一边；如果它们在田野里，恐怕一定会把逮到的食物吃个精光。

当然我放进去的美味也是有一定的危险性的，因为我很想看看，在昆虫界，到底什么样的成员才能从母螳螂的手中逃脱。我找到的食物中有的比母螳螂的个头大很多，比如灰蝗虫；还有的虫子拥有强壮有力的大颚，比如白额螽斯；当然还有我们这个地区最大的两种蜘蛛，大得让我看到都有点害怕。各式各样的猎物被放到饲养室里后，母螳螂似乎并没有被这些平时不常见的家伙所震慑住，它依然像往常一样，挥舞着自己的大钳子，把所有的猎物逐一收入囊中。

在它对大蝗虫发起进攻的时候，我认认真真地观察了一次，因为它突然像触电一样浑身痉挛起来，警觉地面对眼前这个大家伙，然后放下自己优雅的身段和祈祷的双手，摆出了可怕的姿势。它先向两侧斜着打开自己的前翅，紧接着把后翅像两块大帆一样完全打开，腹部向上卷起又放下，不断重复、抽动着，像一根曲棍一样紧张、放松、再紧张，并且还会像火鸡开屏一样，发出"扑哧、扑哧"的声音。它似乎不着急进攻，而是慢慢挺直身体，完全伫立在自己的四条后腿上面，捕捉足舒展地打开，交叉成一个十字摆放在胸前，将胸前美丽的斑点和华贵的项链一一展示出来。然后它就保持着这个姿势不再变换，似乎要先在气势上压倒对方。

当母螳螂决定收起架势开始进攻的时候，大蝗虫并没有像我想象的那样，用它有力的后腿猛地跳开，而是呆呆地向着母螳螂靠近。以前我只听说过小鸟在老鹰面前会被吓得不知所措，没想到昆虫也会这样。大蝗虫似乎已经走进了母螳螂的控制范围，此刻的它丧失了心智，似乎完全被母螳螂控制了，呆呆地等着成为别人的盘中餐。

有的时候，饿极了的母螳螂会把跟自己体型差不多大的猎物，甚至是体型比自己还要大一些的猎物极快地消化掉。它的胃具有很强的消化功能，食物进到胃中，似乎不用等待，就立刻被溶解、消化，然后排出体外了。在我的网罩下，蝗虫是母螳螂们最平常的猎物，螳螂用看起来并不像嗜血恶魔的嘴慢慢地把一整只蝗虫吃掉，最后只留下两只干硬的翅膀。

猎物的颈部是螳螂开始享用的第一道菜。我不止一次地看到螳螂抓到猎物后，用一只捕捉足把猎物拦腰围住，同时用另一只捕捉足牢牢地把猎物的头按下去，然后一口口地啃噬猎物的颈部，样子非常贪婪，直到这个地方被啃出了一个巨大的开口。

螳螂身上没有任何部位是有毒的，那么它要怎样才能够抵御猎人的反击呢？是要先撕扯它们有力的后腿，还是要先卸掉它们跟自己相差不多的大刀，还是先把它们的翅膀剪掉，以免它们逃走呢？这些方法都无法保证猎物能够在短时间内被制伏。螳螂也深知这个道理，所以它们会选择猎物的后颈，并且执着地朝这个地方咬，直到破坏了猎物的神经中枢，那时，它们就无力反抗了。这样一来，再庞大再凶猛的猎物都可以放心食用。

以前我只把那些狩猎能力很强的昆虫分为杀害猎物和麻醉猎物两种，现在恐怕还要加上母螳螂这种先咬断猎物的颈部神经，再慢慢享用猎物的优雅杀手了。

惨无人道的爱情

我还想再次重申，把螳螂叫作"祷上帝"的人，你们真的是被它的外表所蒙蔽了。抛开我之前讲述的它在猎食时的执着和凶狠不说，另一件事让它显得更加丧失品性。这件事是我在实验观察中发现的，当时我简直不敢相信自己的眼睛。

实验中，为了给螳螂们提供更宽敞的活动空间，我减少了桌面上网罩的数量，这样一来，有的网罩里面就会有几只母螳螂。我知道让它们同居在一起有一些危险，因为同居的邻居变多了，食物自然就会受到威胁，这些嗜肉的家伙很可能会相互厮杀。但是考虑到母螳螂们都拖着大大的肚子，行动迟缓，因此不具有很强的攻击性，所以我没有改变主意，只是一直注意着网罩里蝗虫的数量，不等到母螳螂发出猎物紧缺的信号，就及时往里面放入新的食物。

　　刚开始的时候情况相当好，我以为是自己勤劳的缘故。它们都在各自的领域里悠闲地补充着能量，不去向周围的邻居们肆意挑衅。但是很快我就知道，这种相安无事只是暂时的。它们的肚子一天比一天大，成百上千的卵都等待着交配，这也使得它们变得很急躁。

　　终于有一天，惨烈的厮杀开始了。这种厮杀不是为了争夺食物，不是为了划分地盘，仅仅是发情期的嫉妒在作祟。它们一个个张起了幽灵一般的翅膀，上身高高直立，前足夸张地打开，肥大的腹部抖动着，我想它们之前恫吓任何一个猎物的时候都没有这样卖力过。

　　有时，两只螳螂突然毫无征兆地直立起上身，轻蔑地看着对方，腹部开始发出"扑哧、扑哧"的响声，很明显，它们已经吹响了冲锋号，做好了战斗的准备。一只螳螂突然松开铁钩，并迅速地伸向对方，一击即中，然后再迅速地后退以便防守，另一方也做出了相同的举动。

　　大多数时候，战争都

是以一方挂彩而告终，但是有时候结果没有那么平静。胜利者会死死钳住失败者，而后者也会摆出视死如归的姿态。但是，很快胜利者就开始了自己的屠戮，就像咀嚼一只蝗虫或是一只蝈蝈一样大快朵颐，丝毫没有意识到自己正在消灭同胞，而其余的围观者也丝毫没有表示出一点惋惜，甚至还一副跃跃欲试的样子。

真是凶残至极的做法，都说狼是一种狠毒的动物，但它们尚且不杀害自己的同类，但螳螂似乎毫无忌讳。最让我不能接受的是，我并没有减少网罩中蝗虫的数量，也就是说，它们都有足够的食物来享受，可是在这种情况下，它们却选择屠戮自己的同胞。更让我没有办法接受的还不仅仅是这些，让人发指的事情还在后面。

现在回想起来，母螳螂在怀孕时候的古怪行径也让我难以接受。在我的实验里，为了观察雄性螳螂和雌性螳螂的交配，我特地挑了几对螳螂把它们单独放在不同的网罩里，以避免外界的打扰，还在它们各自的小窝里放上了足够的粮食。

时间很快就到了八月末，又瘦又小的雄性螳螂大概觉得时机差不多成熟了，于是鼓起勇气去向雌性螳螂求爱。站在雌性螳螂面前，它挺着胸膛，却侧着头，弯着脖子，不停地发送求爱的信号。雌性螳螂的反应很冷漠。可是雄性螳螂毫不气馁，继续示好。终于，它得到了一个允许的回应。于是它迅速爬到雌性螳螂的背上开始交配。整个过程很长，大概有五六个小时。

在交配过后，不到第二天，雌性螳螂就会把刚刚才交配完的雄性螳螂一口一口吃掉，就像它以前吃其他的昆虫或是自己的同胞一样，先从后颈开始，咬断中枢后，一点点地把雄性螳螂吃得只剩下一堆翅膀。

我很想知道它接下来会怎么样，于是我又往这个小窝里放进了第二只雄性螳螂。我本以为这只雌性螳螂不会那么轻易地投入下一只雄性的怀抱，可事实上，我的猜测是错的，它很快就同意了交配，然后又像吃掉第一只雄性螳螂那样吃掉了这一只。紧接着，还有第三只、第四只、第五只……在短短的两个星期里，这只雌性螳螂吃掉了七只雄性螳螂。

　　七只雄性螳螂的命运都差不多，先热切求爱，得到允许后就开始交配，不出一天，自己就成了妻子的食物。雌性螳螂的兴致跟天气也是有关系的，天气非常热的时候，它们就会显得异常兴奋。在炎热的天气里，群居的雌性螳螂们更会兴奋地厮杀，而独居的夫妻们，丈夫更会被妻子当作一个普通的猎物来享用。

　　那么，是不是在田野里的雄性螳螂就没有这么悲惨的命运了？我强行把它们关到了一起，如果它们的周围没有网罩，那么说不定雄性螳螂交配之后就可以飞走，从而逃出这个雌性螳螂的魔掌。但是网罩中的雄性螳螂似乎并没有要逃走的意思，就算没有被立刻吃掉，它们也该知道自己的命运即将是什么样子，但是它们似乎丝毫没有惊慌不安的意味。我想这也许就是它们在自然中的样子吧。

　　有一次我还看到震撼的一幕：一只雄性螳螂正在雌性螳螂背上交配，它把雌性抱得紧紧的，可是我往雌性的背上一看，这只可怜的小家伙的脖子早已被咬断了，头已经被吃掉了，而它居然还那样痴情地抱着雌性螳螂。此时的雌性正享受着自己背上的美味，尽管背上的雄性还在源源不断向自己体内输送着精子，可是它还在津津有味地吃着。

　　也许雄性螳螂在交配的时候是全神贯注的，这时雌性想要杀它，它没有任何防范；也许雄性原本就做好了为爱牺牲的准备，即便知道必死无疑，还是勇往直前。这种习性可能是从某个地质时代残存下来的记忆，也许在那个食物急缺的年代，雌性和雄性交配完之后就要立刻把雄性吃掉，这样才能保证充足的能量去抚育自己的后代。螳螂家族的这种做法也许就是承袭了这个记忆。

　　我曾经试着把一只雄性螳螂放进一只已经吃过很多雄性螳螂的雌性螳螂的小窝里，这只可怜的雄性甚至还没有交配就被吃掉了，雌性螳螂就是这样，它的卵巢不再需要精子以后，雄性螳螂就是美味的食物。多么残忍的一种昆虫啊，善良的人们，不要再被它的外表蒙蔽了。

草地清道夫：圣甲虫

我观察过很多食粪虫干劲十足的工作场景。太阳还不太热，数百只大小不同、形态各异的食粪虫已密密麻麻地挤在一起，它们中有的负责梳理粪堆表面，有的负责在粪堆深处挖掘巷道，有的则忙于挖洞，以便一会儿把战利品贮藏起来。身强力壮的一般都在前面冲锋陷阵，而个头比较小的就站在一边，把偶尔坍落的一小块粪便切碎。有的小虫子初来乍到，看到美味兴奋不已，便当场饱餐一顿。而大多数虫子还是有着长远的打算，他们会把食物储存到一个隐秘的地方，以备不时之需。

方圆一千米内粪香四溢，所有的食粪虫都循着这香味急急忙忙地赶过来。看，那里有一只来晚了的虫子，它正迈着小碎步向粪堆走来。它的腿生硬又笨拙地向前移动着，好像是被某种装在肚子里的机械推动着前进；红棕色的触角像扇子一样张开。终于，它挤倒了一些捷足先登者，抢先来到了粪堆旁边。它伸出强壮巨大的前足，一抱一抱地对粪球做着最后的加工，然后走到一旁静静地享受自己的劳动成果。这浑身黝黑、粗大异常的家伙，便是大名鼎鼎的圣甲虫。

　　圣甲虫的额头上有六个排成半圆的角型锯齿，那是用来挖掘和切削的秘密武器。圣甲虫用它来剔除不能吃的食物纤维，把最精华的部分聚集起来。如果是为了自己采集食物，圣甲虫才不会如此挑剔，可是如果是为了要制作育儿室，在粪球中挖一个孵卵的小洞，那就必须精挑细选，用最精华的粪便筑成小洞的内层。这样，幼虫破卵而出时便能在住所的内壁找到营养丰富的精细食物，为将来储备能量。

　　相比之下，在筛选自己的食物时，圣甲虫似乎显得有点漫不经心。它把带锯齿的额突转入到粪堆里，在强壮有力的前足的配合下，很轻易地进行着挖掘的工作。如果需要翻越障碍在粪团最厚处开辟通道，它便用它那带锯齿的腿用力一把，清理出一个半圆周的空间来，再把把过的粪便聚拢到腹下的四只腿之间。剩下的工作便交给后足去完成了：检查和修正球体的形状。实际上，这些腿的作用就是帮助粪球成形。这些经过粗加工的粪团在四条腿之间摇摇晃晃，逐渐趋于完美。

　　粪球制作好后，圣甲虫们便从混战中退出来，开始进入搬运的过程。它

们用那两条长长的后腿抱着粪球，把足尖的爪子卡进粪球里作为旋转轴，两只中足用作支撑点，长着锯齿的前腿交替着地。它们就这样倾斜着身子，头朝下身子朝上地倒着走。两条后腿在这里起了重要的作用，它们来回运动，变换着旋转轴，使得重物能够保持平衡。而两只前腿左右交替推动重物向前移动。粪球表面的各个点轮番与地面接触，由于压力分布均匀，

粪球外层的各个部分都变得一样坚实，外形逐渐趋于圆满。

搬运过程中，遇到障碍时，圣甲虫宁愿倔强地付出许多努力来超越障碍，也不愿选择绕过障碍，或者换一条路继续前进。它并不总是单独搬运珍贵的粪球，而是会经常给自己找个搭档，或者说，会有另外一只主动参与进来。它们经常是同一性别的伙伴，既不是一家人，也不是劳动伙伴，那么这种表面的合作是为了什么呢？其实这纯粹是一场有预谋的抢劫。狡猾的搭档以帮忙为借口参与到粪球的搬运中，而一有机会，便会把粪球抢走据为己有。有一些野心更大的圣甲虫抢劫起来就更明目张胆了，它们也不假装好心，而是直接出现在半道上，用武力把做好的粪球抢走。

通常，搬运者与抢劫者之间会进行一场保卫与争夺的战争。抢劫者从半路杀出来，一把将搬运者推倒在地，然后站在粪球上，居高临下面对着对方。一旦对方立起身子准备攀登，它便挥臂一击打到对方的背上。而这时，搬运者为了让敌方垮下来，就会施展挖坑道的战术，即破坏粪球的下部，使得摇摇晃晃的粪球带着抢劫者一起滚动。而强盗为了不让自己掉下去，只能像做体操一样，尽量在滚动的粪球上保持身体的平衡。如果它一不小心出现了失误，从粪球上掉了下来，那么战斗便会转化为拳击，双方会胸贴着胸厮打起来。在厮打中占据上风的一只会找机会重新回到粪球上去，费尽心思把粪球据为己有。

抢劫是这种虫子的天性之一。有人认为，圣甲虫在搬运粪球的过程中遇到无法独自战胜的困难时，会暂时离开，联络好几个伙伴，然后共同协作，将粪球顺利搬运回去。

可是在我的观察中，我从没看过它有任何想找同伴帮忙的迹象，哪怕是一闪而过的念头也好。我也曾经对圣甲虫做过实验，而且实验的难度比粪球掉进洞里的难度大得多。然而，展现在我眼前的，从来就不是同伴互相帮忙的画面。所以我对这一问题的见解是：几只圣甲虫出于掠夺的目的而一起拥到同一个粪球上，结果却被误会成了呼唤同伴来帮忙的故事。由于观察不充分，人们把这样一个拦路抢劫者，说成了一个放下自己的工作去帮助同伴的高尚者。

在实际的情况中，圣甲虫的伙伴关系其实更微妙。一般来说，来帮忙的圣甲虫其实是带着阴谋硬加进来的，而物主是因为害怕更严重的灾祸，才勉强接受帮助的。它们的相处方式看起来是很和平。两个人共同驾车，物主占据着首席，在主位，从后面推重物，后腿朝上，低着头；伙伴在前面仰着头，带锯齿的前腿放在粪球上，后腿拖着地。它们的力气很不协调。助手背朝着前面的路，而物主的视线又被粪球挡住了，于是两者经常笨拙地摔倒在地。

我进行过各种各样的实验，目的是要检验这两个合作者在面对重要麻烦时，解决问题的能力。结果都不尽如人意，它们更习惯于单独解决问题，一点都不懂合作之道。

有时，粪球被搭档偷走，而粪球的主人发觉到这一点，及时地追上了窃贼，它们就会迅速地达成和解，然后像什么也没发生过一样，又一起把粪球运回去。

如果小偷来得及跑远，或是能够巧妙地掩盖自己的踪迹，那灾祸便无可补救了。但即使这样，圣甲虫也不会泄气，它会搓搓双颊，伸伸触角，吸吸空气，然后飞到附近的斜坡重新开始觅食，这就是圣甲虫值得赞美的刚毅性格。

在圣甲虫的家里，粪球几乎占据了所有的空间，它们从地板一直堆到天花板。在这里，圣甲虫们三三两两挤在一起，欢快地享受着美味的午餐，不挑剔，不浪费。这是一项十分奇妙的化学工作。

圣甲虫天生具有一种神奇的消化能力，这就是它能在最短的时间内化粪土为神奇的秘诀。它们那极长的肠子反复蠕动着，经过多次循环，把粪土完全消化吸收掉。庞大的粪球一口一口地进了圣甲虫的消化道，留下营养成分，然后再从它的尾部出来。当粪球整个进到胃里之后，它又重新回到地上去寻找机会，装点着春天的草坪，使春天变得异常美丽。从五月到六月，圣甲虫欢乐的生活一直持续着。当炎热的夏天来临时，圣甲虫便会躲到阴凉的土壤里，躲避炎炎烈日。等到第一场秋雨落下，它们便会再度出现，不过数量远远不及春天时多，也没有春天那么积极。这段时间，它们的头等大事是要孕育种族的未来。

相亲相爱的赛西蜣螂夫妇

在昆虫世界中，模范父亲非常少见，几乎所有的雄性昆虫在婚前都是狂热的追求者，把交配作为人生大事；但是在婚礼结束后，它们的情欲得到了满足，就会变得冷若冰霜，对即将出世的孩子漠不关心，对辛劳的妻子也不管不顾。

这些冷漠的雄性昆虫应该学一学赛西蜣螂。这位体型最小的推粪工，活动灵敏，动作迅速。不过，它在搬运粪球时，经常会冷不丁地从崎岖不平的路上滚下来，双腿抖动，肚子朝天。然而这并不影响它的心情，它始终保持着愉快的心情，凭着坚强的毅力重新站起来，调整姿势，再回到原来的路上。有人叫它"西绪福斯"，因为这一连串极耗体力的动作和它那毫不动摇的耐心像极了古希腊神话中的西绪福斯。

据说，西绪福斯因为触犯了宙斯的权威，被罚在山下做苦役。这个不幸的人每天拼死累活，就是为了把一块巨石搬上山顶。可是，每当巨石就要到达山顶时，就会滚下山来。可怜的搬运者再开始搬，巨石再次滚下山脚，一切又都归零。就这样，西绪福斯周而复始地重复着无效无望的劳动。

对于这种辛酸苦楚，昆虫界的西绪福斯并不了解。颠簸、碰撞、跌倒，对它来说好像不算什么，它像孩童一般无忧无虑。无论走到哪里，它都带着那个宝贝粪球，这东西有时是它的面包，有时是它子女的面包。

这名叫西绪福斯的虫儿在我生活的这片地区十分罕见，而我现在拥有六对。饲养赛西蜣螂不是件难事，不需要用笼子，金属钟形网罩加上沙土层和合它们口味的食物，就可以了。它们体型很小，勉强能有樱桃核那么大；它们的模样十分奇怪，身子短粗，后部浓缩成一个子弹头；足很长，像蜘蛛的足那样展开；后足弯曲并且异常的大，是很适合搂抱和紧勒粪球的器官。

大约五月初，它们在宴会后满是糕饼残渣的地面上交配。很快，两夫妻就

开始为安置子女奔波劳碌起来。它们齐心协力、不辞辛劳地揉面做饼，运输和烘烤给孩子吃的面包。和圣甲虫一样，赛西蜣螂是精通食品长期保存最佳形状的几何学家。它们没有使用滚压机，用前爪的大切面从大块的粪球上切下厚度适中的一小块，然后一齐处理这块面包，一下下地轻轻拍打、压紧，把它制作成了豌豆大小的浑圆小球。

小球很快准备妥当，为了保护球心不受过快蒸发的损害，必须让它通过剧烈的滚动来加厚皮层。母亲套在车子上座前面，它的身材稍微粗壮些，因而容易辨认出来。它的前足放在小球上，长长的后足搁在地上。它一边后退，一边把小球拉向自己。此时，父亲位于相反的位置，头朝地面，在后面帮忙往前推。

这勤劳的父亲和妻子一起，在倒退中无法避开的坑坑洼洼的地面上穿行。有时，夫妻俩的套车在遍地沙砾的小丘上翻倒了，驾车的从车上滚了下来，仰天跌倒。不过，它很快就重新爬起来，迅速恢复驾车的姿势。西绪福斯夫妇对一路上的跌跌撞撞并不感到忧虑，翻车事故连续地发生，塞西蜣螂夫妻俩就这样漫无目的、近乎狂热地拖着套车走了一个小时又一个小时。

最后，母亲觉得粪球已经揉滚得恰到好处了，于是，它就离开一小会儿，去寻找安置粪球的合适场所；父亲则蹲在粪球上守护它们的宝贝，等着它的伴侣回来。如果等待的时间长了，它就给自己找点事情解闷。它的后腿竖立在空中，像娴熟的杂技演员一样，让那颗珍贵的小圆球在它的双腿之间迅速转动。它用这欢喜的姿势不停地摇摆着，好像在炫耀一位食粪虫父亲的幸福：看啊，这块浑圆又柔软的面包是我烹制出来的，是我为即将出生的孩子准备的。这位父亲的快乐溢于言表，或许一想到它的孩子已经有了充足的食物，就情不自禁地感到满足。

没过多久，前去勘探的母亲已经完成了巢穴的选址工作，而且还挖好了一个坑。小圆粪球被带到了这个地基附近，父亲寸步不离地护卫在它旁边，警觉地监视着它周围的环境。在此期间，垂涎三尺的蜉金龟和小飞虫随时都可能来抢夺这块面包，赛西蜣螂父亲提高警惕、严密提防小偷和和强盗，是明智谨慎之举。

这时，手脚麻利的母亲用足和额突很快把小洞窝挖大，足够容纳下它那个形态完美的小球。它用背触触小球，大概感觉到小球在背上向后摆动；确认这块小面包没有受到什么损害之后，母亲便下定决心继续向前挖掘。小球被放进了洞穴里，一半插入了这个盆子似的粗胚里。母亲在下面拖拉小球，父亲在上面减缓震动，调节降落动作，帮助母亲清除可能阻碍行动的物体。它们配合得天衣无缝，可以说是最佳拍档。又花了一些工夫，小球就和这对技术高超的掘地工人一起在地下消失了。随后的一段时间中，它们大概都只是重复我刚才所讲述的过程。

又等了半天左右，我注意到父亲独自一人出现在地上，它正在离洞穴不远的沙土里休息。母亲在地下的小洞窝里还有未完成的工作，但是父亲却帮不上什么忙。因为小洞窝不太深，又比较狭窄，刚好只够母亲围着小球转动身体；西绪福斯父亲不能在小洞窝里长久逗留，就早早退离，以便让它能干的妻子能够自由活动、尽快完工。

直到第二天，母亲才走上地面和父亲团聚。母亲一出现，做父亲的就从它小睡的沙土中出来与它会合，夫妻俩一起来到粮堆，吃东西恢复元气。重新获得能量之后，它们又开始一起从粮堆上切割第二块，再制成浑圆的小球，再将它运输入仓。

我十分欣赏配偶之间的这种默契。如果要我在脑海里找寻几个词来形容西绪福斯父亲，那么这些词都应该列出：勤劳、体贴、谨慎、快乐。还有一个很重要的词：忠贞。

洞窝里的小球是地下室里唯一的物体。它小巧玲珑，就像是圣甲虫粪梨的微缩版，最大直径为十二到十八毫米。正是由于这个微缩粪梨的小，它表面的光泽和弧度的优雅分外突出，简直是造型大师的艺术作品。但是，美丽优雅的状态没有维持多久，粪梨的表面就覆盖上丑陋扭曲的黑色瘿瘤，把粪梨原本光鲜的外表弄得毫无美感。

蜣螂的幼虫具有排粪快捷类昆虫的一些普遍特征，它和其他食粪虫幼虫一样，身体弯曲成钩状，背上背着一个巨大的包囊。在这个包囊里储备着黏胶，如果粪梨偶然出现天窗，幼虫就立即喷射含粪的黏胶来堵住。在这方面，这种幼虫和圣甲虫幼虫一样，都十分擅长。此外，这种幼虫还掌握着另一种食粪虫类不会的粉丝加工技术。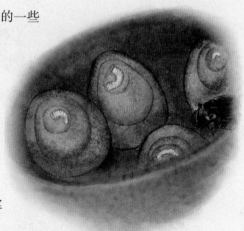

有时候粪梨表面的某个部位会湿润起来，变薄、变软，然后从一块不太坚固的屏板上涌出一颗暗绿色的新芽，接着，新芽倒下、扭曲，形成一个瘤，最后由于干燥而失去原有的颜色，变得黑乎乎的。原来，是住在粪梨中的幼虫在住所的内壁上打了一个临时缺口，它通过只剩下一张薄纱的通气窗，越过围墙拉屎，把家里放不下的黏胶排出到粪梨外。这只幼虫似乎并不担心它开凿的天窗会威胁到自己的安全，因为窗子很快就会被新芽的底部堵塞起来，继而被压紧。

关于赛西蜣螂，我还有一项"人口"普查数据。寄宿在我的金属钟形网罩里的六对赛西蜣螂，一共制造了五十七个住着幼虫的粪梨，平均每个家庭产卵六枚。种族繁衍兴旺归因于什么呢？在我看来，有一个最为重要的原因：父亲和母亲平等劳动。单独一人完成不了的工作，两个人齐心协力就相对容易了。

第五章

在沙土里建房子的砂泥蜂

砂泥蜂的形状、颜色和黄翅飞蝗泥蜂非常接近，它们身材纤细，体态轻盈，腹部末端非常狭窄，像一根细线系在身上，身穿黑色服装，肚子上装饰着红色丝巾。不过，它们的习性却和黄翅飞蝗泥蜂大不相同。黄翅飞蝗泥蜂捕捉直翅目昆虫作为食物，包括蝗虫、蟋蟀等，砂泥蜂却以毛虫为野味。猎物不同，它们捕捉猎物的方法和策略自然也就不同。

砂泥蜂的意思是"沙之友"，但我一直觉得这个名字并不适合它。砂泥蜂并不喜欢那流动的、干燥的、粉状的沙，它们需要的是一块易于挖掘的松软土壤，那里的沙用一点黏土和石灰就能黏住。这样一来，在把食物和卵放到蜂房以前，它们挖掘的竖井才不会坍塌。有了这个标准，我们就不难理解山间小路边长着稀疏草皮的朝阳斜坡之所以成为砂泥蜂最喜欢的地方的原因了。在这些地方，春天的时候有毛刺砂泥蜂；九月和十月，沙地砂泥蜂、银色砂泥蜂和柔丝砂泥蜂也会在这里现身。

这四种砂泥蜂的洞穴都是垂直的洞，像一口井似的。井的内径还不及一根粗鹅毛管的直径，深度也才只有五厘米。井的底部是一间蜂房，蜂房很小，看起来很不起眼。这简陋的建筑无须耗费砂泥蜂太多的力气，砂泥蜂很容易就能完工，但是不得不承认的是，速成的建筑的保暖效果终究不会好到哪里去。

砂泥蜂建造住房时，会用前跗作为耙子，大颚作为挖掘工具。如果碰到很难扒出来的沙粒，它们的翅膀和身子就会使劲颤动，仿佛在使劲吆喝一般，那尖锐的沙沙声从地底一直传到上面。过不了多久，它就会咬着挖出来的沙粒，嗖的一声从地底飞出来，然后用力地把沙粒丢向远处，以免它阻塞现场。一些形状和体积特殊的沙粒，则会得到砂泥蜂的优待，它们不仅不会被丢远，还会被砂泥蜂小心翼翼地用脚搬运到井边放好，这些可是优质的建筑材料，将来封闭住房时会起到很大的作用。

住宅挖好后，砂泥蜂不会立刻闲下来，它还有很重要的任务要做。它要去储存小砾石的地方巡视一番，为的是选中一块中意的石子；如果找不到满意的，就到附近去找。它要寻找的是扁平的小石子，直径比井口略大一点。找到以后，砂泥蜂就会用大颚把石板搬过来，暂时放在洞口上，以保证自己家不被侵入。

第二天，如果天气晴朗的话，砂泥蜂会出门捕猎。暖洋洋的阳光下，它轻轻松松就找到了自己的食物。它们先把幼虫麻醉，然后用嘴咬着它的颈部，把它拖回窝里。砂泥蜂总能够辨清自己的家，在我看来，放在它家门口的小石板和其他的石板并没有什么不同，但它就是有这样的本事，能够在众多石块中找到自己的家。砂泥蜂喜欢到处游走，并把卵产在各个地方。它偶然走到什么地方，喜欢那里的土壤，便会在那里挖洞。砂泥蜂的记忆力令人叹为观止。它不像蜜蜂那样有固定的住所，砂泥蜂是自由自在的漂泊者，它从来不会固定在一个地方。在这种情况下，去找石板就不是件容易的活了。

有的时候它会犹豫很久，寻找很多次。这时候，它就把猎物扔在高处，放在一丛百里香或一束草上，这样等它匆匆忙忙搜寻归来，便能很轻易地看到自己的猎物。我用铅笔描出了砂泥蜂的行走路线。那简直可以组成一个复杂的迷宫，线条互相纠缠打结，凌乱不已。是不是这复杂的路线暗示了砂泥蜂的惶恐不安呢？答案只有它自己知道。

如果寻找住所的时间太长，砂泥蜂会在中途停止探索，回到猎物那里去，确保自己的财产还在，然后再接着上路摸索。一般情况下，砂泥蜂还是可以直接回到昨天挖的井里的。

四种砂泥蜂中，我只见过沙地砂泥蜂和银色砂泥蜂用石板把洞穴封起来，而其他两种砂泥蜂似乎从来都不会用这种方式去保护自己的住所。对于毛刺砂泥蜂，封盖似乎完全没有必要，因为它总是在捕捉到猎物附近的地方挖个洞，随时把猎物储存起来。而柔丝砂泥蜂之所以不用封闭物，据我猜测，是因为它的幼虫太多的缘故。别的砂泥蜂一般在一个洞穴里放一只幼虫作为自家孩子的粮食，而它要放五只，这就意味着它在短时间内至少要下到井里五次，那么封住住所显然就没有必要了。

蛾的幼虫是这几种砂泥蜂幼虫的口粮，但是在选择蛾幼虫的标准上，不同的砂泥蜂有不同的眼光。以柔丝砂泥蜂为例，它们会选择细长的蛾幼虫，这些幼虫走路时像圆规似的一开一合，因此被人们称为量地虫。柔丝砂泥蜂的幼虫应该说是几种砂泥蜂幼虫里面最幸福的了，它一个人就可以享用五只猎物，虽然这些猎物的体积都不太大。被麻醉针蜇刺过的量地虫缩成一团，这五条虫便被一只只层叠着放在蜂房里。所有的食物都准备就绪后，柔丝砂泥蜂就会将卵产在最后一条虫子身上。

其他三种砂泥蜂的幼虫的食物则简单得多，每只幼虫只被分配到一只小虫。不过这些小虫体积很大，足以弥补数量上的不足。被砂泥蜂选中充当粮食的小虫体态丰满肥胖，鲜嫩可口，完全可以满足幼虫的食欲。要知道，这猎物可是猎手体积的十五倍呢！这几种砂泥蜂要咬着比自己重十五倍的东西，克服千难万险，才能把巨大的猎物拖回到洞里，供自己的幼虫享用。

夜蛾的幼虫由一系列类似的环或体节组成，每个环都有神经核或称神经节，是产生感觉和控制动作的中枢。不包括位于头颅里类似大脑的神经节在内，夜蛾幼虫的神经系统有十二个由于体节相隔而彼此分隔的神经节。这些神经节位于腹面的中线上，像念珠般排列着。这些神经核彼此具有相当大的独立性，每个神经核只影响一个节体的活动，如果一个节体失去了活动和敏感性，那么其他节体仍能保持完好无损，能长时间活动自如。

我曾两次目睹砂泥蜂残害猎物的情形。它把螫针刺在夜蛾幼虫的第五或第六体节上，这动作非常迅速，而且只要一针便大功告成。砂泥蜂的卵会产在失去知觉的那个体节上，而且攻击点永远都不变。因为只有在这个部位，砂泥蜂的幼虫才可以无忧地啃食猎物而不会担心猎物身体的扭曲会伤害到自己。

我经常会想，沙地砂泥蜂，尤其是毛刺砂泥蜂，它们捕捉的猎物身形庞大，它们对待猎物也像普通的砂泥蜂那样只蜇一针吗？这一针如果没能使猎物麻痹，那么当猎物用它那强有力的臀部撞击蜂房的墙壁时，幼虫该是多么的危险。后来一次偶然的机会，我见识到了砂泥蜂用"手术刀"给猎物动手术的全过程，同时我的担心也被证明是多余的。只见，砂泥蜂扑向一条肥大的毛虫，牢牢地抓住它的后颈，然后整个身子都骑在这庞然大物的背上，翘起腹部，在受害者的腹部那一面，从第一体节到最后一个体节整个儿都刺了一遍。这场景就像一个对解剖学了如指掌的外科大夫正有条不紊地操着手术刀，给患者身上划下一道道的痕迹。

砂泥蜂的动作精确得连科学也会艳羡不已，它知道人类可能永远不会知道的事情，它了解猎物完整的神经器官，它的行为完全受到天启。我想，它的行为都是在无意识的情况下做出的，我被这真理之光深深地打动。

善于冬藏的毛刺砂泥蜂

我曾有幸在万杜山海拔一千八百米的地方，完成了一次非常难得的科学考察，说它难得，是因为自那以后，我再也没有得到过如此珍贵的观察机会。那次，我无意中发现了一块平整的大石板，好奇心驱使我走过去掀开了它。眼前出现的景象却让我大吃了一惊——那下面竟然是好几百只的毛刺砂泥蜂。

这些毛茸茸的小家伙们显然是受到了惊吓，在我掀开石板的一瞬间，原本像蜂窝煤般攒在一起的它们开始乱跑乱窜，呈现出有些散乱的样子，可即使是这样，它们也不愿意抛弃自己的集体，就算再乱也总是黏作一团。我很疑惑，到底是什么样的力量把它们如此紧密地凝聚在一起，是特殊的石板、神奇的土壤，还是这海拔一千八百米山峰的独特环境？我小心地检查了这里的一切，事实证明这里并没有什么特别之处。

就在我一筹莫展，只能百无聊赖地数着虫子打发时间的时候，雨水一滴、两滴地落了下来，因为是阵雨，雨势来得很快，不到一会儿的时间就把地皮都打湿了。我不忍心那些可怜的小家伙遭受雨水的毒打，便急忙把石板放回了原位，希望这些小生命们能得到庇佑，顺着生命的轨迹慢慢成长。

要知道，虽然毛刺砂泥蜂在平原地区并不罕见，但看到它们如此大规模地聚集可并不是一件容易的事。它们像朗格多克飞蝗泥蜂那样，信奉独行侠的原则，总是过着独来独往的生活，或是孤零零地出现在山间小路边，或是独自停留在小沙坡上；有时候它们在挖竖井，有时候它们则在忙着搬运笨重的幼虫猎物。它们总是很忙碌的样子，像在赶时间。事实的确如此，因为毛刺砂泥蜂的筑窝日期比绝大多数膜翅目昆虫提早六个月，为了追赶档期，毛刺砂泥蜂不得不马不停蹄地劳作。

每年一开春的时候，毛刺砂泥蜂就开始筑窝。到了三月底或四月上旬，天气渐渐转暖，毛刺砂泥蜂便开始忙着给它的幼虫挖住所、备粮食。而这样的工作对其他的砂泥蜂和各种捕食性膜翅目昆虫来说，是属于秋天的任务。根据一般的规则，所有掘地虫羽化为成虫，离开地下的家，并为它们的幼虫筹备粮食，都是在同一季节。大多数擅长狩猎的膜翅目昆虫，都是在六、七月从幼年时居住的地下拱廊中出来，而在以后的三个多月才发挥矿工和猎手的本领。这不得不让我思考，是不是毛刺砂泥蜂在筑窝前的三个月就完成了变态并离开了它们的茧？

可是经验告诉我，类似的法则对毛刺砂泥蜂并不适用。如果毛刺砂泥蜂在三月底就忙于筑窝，那么它最迟在二月底就要完成变态从茧中钻出来。二月正是寒冬时节，在天寒地冻的环境中，毛刺砂泥蜂不可能完成艰难的变态，就算完成了，成虫也不可能离开那温暖的茧去挑战冰冷残酷的大自然。只有在夏日暖阳的照耀下，土地温暖而又湿润，成虫才会抛弃蜗居生活外出活动。

我观察并记录过沙地砂泥蜂和银色砂泥蜂的羽化，它们的成虫都是在炎热时期出现的。根据类推的办法，我认为毛刺砂泥蜂也是在同一时期破茧而出的，而那些春天筑窝的毛刺砂泥蜂并不是当年的昆虫，而是上一年的成虫。实验证明，它们六七月从茧里出来，等到春天来了才开始筑窝。

在隆冬时节，节腹泥蜂、飞蝗泥蜂、大头泥蜂等膜翅目昆虫早就消失得无影无踪了；经历了一个秋天的劳动，它们早已筋疲力尽走向了死亡。可毛刺砂泥蜂却过着明显不同的生活。它们在最冷的日子里，十分舒适地蜷缩在阳光直射的温暖凹陷处，或者孤零零一只，或者三五成群，等待着温暖的回归。等到天气稍微暖和点，它们还会兴致大发地走到洞外，伸展伸展翅膀，舒活舒活筋骨，悠闲惬意地享受着生活。等到春天一发出信号，毛刺砂泥蜂就会出现在人们的视线中，它们身上隐藏了一个冬天的力量便会喷涌而出。

根据这些资料，我试着解释在万杜山顶的毛刺砂泥蜂成群聚居的原因。首先要明确，它不可能准备在那里越冬。万杜山山势险峻，陡峭高耸，山上常年低温寒冷，朔风凛冽，怎么可能会对热爱阳光与温暖的毛刺砂泥蜂产生吸引力呢？据我估计，毛刺砂泥蜂只不过是在路过万杜山之时嗅到了空气中雨的味道，迫于无奈只好停下来躲在大石板下避雨。要知道，昆虫对天气的变化有着异常敏感的感知力。

毛刺砂泥蜂天性怕冷，所以在冬天的时候，它必定要离开冰天雪地的北方迁徙到温暖的南方，它们就像鸟类一样，成群结队地飞过千山万岭，迎着日出日落马不停蹄地赶路，直到找到一处舒适的新居。这一群迁徙者从寒冷的地方出发，前往南方的热带平原。途中，灵敏的嗅觉告诉它们大雨将至，它们便只好停在万杜山顶的石板下暂时歇歇脚。

定居在树莓桩中的壁蜂

道路上长满了荆棘，修剪篱笆的农夫把树莓的藤蔓剪下，只留下茎桩。树莓桩的髓质柔软，容易挖掘，因此，许多膜翅目昆虫遇到这种干枯的茎桩，只要大小合适，就会毫不犹豫地在里面安身。这些树莓桩中的居民可以分为三类。

第一类居民擅长把干枯树干里的髓质挖出来，然后把这截管子用隔板分成数个隔间，作为幼虫的卧室。第二类则是一些技术和力量都不太行的昆虫，它们利用别人丢弃的房子，把巷道里的茧屑、坍塌下来的碎地板扒掉，用黏土或者用唾液混合髓质残屑来制作新的隔板。第三类居民则是树莓桩中的寄生虫，它们不用自己挖掘房间，不用储备粮食，因为它们直接把卵产在别人的房间里，让幼虫吃宿主的粮食和幼虫。

在树莓桩中的所有居民里，要数三齿壁蜂的房间最精美，规模也最大。它的巷道深约一肘，内径有一支铅笔粗。壁蜂从洞底到洞顶会做出一个连一个的房间，用来储蜜、产卵。每只卵都有自己的卧室，每个卧室长约 1.5 厘米，两个卧室之间用隔墙隔开，隔墙的材料是树莓髓质的残屑和壁蜂的唾液。为了节约时间，壁蜂并不会飞出去把自己扔出去的髓质捡回来，而是在巷道壁上保留一些髓质——这是预先存留下来用来造墙壁的。它用大颚尖在巷道壁上削刮，中间宽而两边窄。这样被削刮的部分就成了一个卵球形的空腔，有点像小木桶，这就是第二间蜂房。

削刮下来的髓质既是前一间蜂房的天花板，又是下一间蜂房的地板。另一份蜜浆口粮就放在这样的地板上，卵也就产在这份蜜浆的表面。就这样重复这个步骤，最后到达竖井的末端时，壁蜂会用一大团灰浆把管子封住。

蜂房的数量跟树桩的质量有很大关系。如果树莓桩很长，没有木疤，房间可以达到十五间。为了看清蜂房的结构，等到幼虫包裹在茧里的时候，我把树

桩竖直劈开。劈开后，我看到每个小隔间里都有一只红棕色半透明的茧，里面的幼虫弓起身子像个钓鱼钩。

在这一串茧子里，最里面的那个年纪最大，最年轻的则是靠近出口的那间蜂房里的茧。这些茧按照年龄，从底部排到顶端，每个茧都填满了属于它的那个楼层。壁蜂羽化之后，只能从树莓桩上端的洞口出去，下端连着泥土，是没有出路的。当然，壁蜂也可以凿穿蜂房的墙壁出去，但是这一层墙壁又厚又硬，需要极大的力量才能凿穿，弱小的成虫在开凿墙壁时，甚至会因力气衰竭而丧命，所以它们只在走投无路的情况下才采用这一方法。通常情况下，羽化后的壁蜂都会想尽办法从上端的出口出去。

然而，过道实在太过狭窄，如果下层的壁蜂先羽化，上层的壁蜂又待在原地不动的话，它要如何通过呢？

为了研究壁蜂出窝的情况，我挑中了强壮有力的三齿壁蜂来完成实验。我从一段树莓桩中，取出十个左右的茧，严格按照自然顺序叠放在一个玻璃试管中。试管与壁蜂巷道是相同的，一端封闭，一端敞口。我把高粱秆切成厚约一毫米的圆薄片用来做人工隔墙。为了模拟自然环境，高粱秆外面的纤维层被我剥掉了，只留下了壁蜂大颚容易穿透的白色髓质。然后，我用一个厚厚的纸套子套住试管，以避免光线扰乱必须在完全黑暗中度过的幼虫期。最后，我把这些试管口朝上悬挂在实验室的角落。这样一来，我就完全模拟了自然环境，而且可以随时摘掉套子，观察壁蜂的情况。

无论出茧的第一只壁蜂在窝里的什么位置，它要做的第一件事都是去啄天花板，在天花板上挖一个锥形的洞口，然后它会遇到下一个茧。当它的头在洞口处碰到了弟弟妹妹的摇篮时，它会十分谨慎地停下来，退回到自己的房间里去等待。等得不耐烦的时候，它会试图在巷道壁和挡道的茧中间钻过去。为此，它会咬噬蜂房的内壁，拼命想要挤出一条路来。

树莓桩中的管道直径跟茧的直径是一般大的，在那样的管道里，除非墙壁上的髓质相当丰富，才有少数雄蜂能从侧面逃脱出去。如果这种可能性消失了，壁蜂看到自己前面有个不可穿越的大茧，就会乖乖回到自己的房间里等待。如果相邻的两只壁蜂同时获得自由，就会相互拜访，有时还会待在一个房间里共同等待。只要领头者把路打开出去了，其他的也会跟着出去。

只要有机会从别的地方出去，壁蜂一定会利用这种可能性的。它们唯一不做的就是用大颚咬住前面一个茧。茧是神圣不可侵犯的。咬破弟弟妹妹的摇篮给自己打开一个洞口是绝对不被允许的。那么，假如前面一层蜂房的幼虫死在茧里，或者卵没有孵化，遇到这样的情况下，壁蜂会怎么办呢？

我在玻璃管子的一层放入装着活蛹的茧，另一层放着因硫化碳的蒸汽中毒窒息而死的茧。两者彼此交替，中间仍然以高粱秆片隔开。羽化后，那些壁蜂没有多少犹豫，就开始向死茧进攻，从这些死茧中穿过。可见，它对死茧是不会手下留情的。

现在我在管子里全部放上活蛹的茧，但并不是同类的，我特意用了两种羽化期不同的昆虫的茧。它们种类不同，大小却一样，不过，壁蜂羽化得早一些，它们从茧里出来了，其他昆虫的茧都被它们咬成了碎块。可见，壁蜂是不会顾惜别种昆虫的活茧的。我完全不知道，在漆黑的巷道里，壁蜂怎么区分同类的死茧和活茧，又怎么辨别与自己不同类的昆虫的茧。

正常的自然条件下，树莓桩都是垂直的，洞口朝上。但是我可以改变这种状况，我可以把管子水平或垂直放置，既可以让洞口朝上或者朝下，又可以让管子两头都打开。环境作了这样的改变后，又会有什么样的情况发生呢？

我让管子垂直悬挂，上头封闭，而下头敞开，相当于一截倒挂的树莓桩。在这种情况下，大多数壁蜂羽化后，都会受地心引力的影响，向上挖掘，只有少数的壁蜂会向下开辟出口。但是，它们在往反方向挖的过程中会遇到一个巨大的问题：壁蜂把挖出来的碎屑往后抛，碎屑会受到自身重力影响而落下来，于是壁蜂就陷身于没完没了的战场清理工作中。只有位于最底层的壁蜂会毫不犹豫地挖掘身下的隔板，最终有那么两三只能够得到解放。

原来促使底层昆虫往下走的原因是大气。在底层可以感觉到空气，随着楼层的升高，空气迅速减少，所以底层数量很少的昆虫在大气的影响下掉头向下面的出口走。但是大部分的昆虫受重力的影响大过大气，还是往高处走。

我还尝试了另一种情况，将两头开口的瓶子水平放在桌子上。这样壁蜂可以在同一重力条件下，选择向左走或者向右走。另外，碎屑也不会掉落到大颚底下以致影响壁蜂的开凿工作。结果管里的十个茧，五只从左边出去，五只从右边出去。我试着将试管调转方向，结果还是一样。而且壁蜂没有反复尝试是该向左还是该向右。只要查看一下洞的形状和隔墙表面的状态就能知道，壁蜂的决定是果断的：一半向左，一半向右。这样的排列除了对称之外，还符合花费力气最小的要求，遵循着机械学中的"动作最少原则"。

还需要补充的一点是，如果水平放置的管子也有一头是封闭的话，那么这一排壁蜂都会向一个方向走。在一根水平放置的管子里，重力不再对昆虫起作用，那昆虫要怎么决定进攻哪边的墙呢？我总怀疑这是大气的影响，大气可以从开口的两端感觉出来。如果一边的障碍比一边少，那么对这边的影响就大些。而昆虫对这种差异十分敏感，立刻就能辨别出离空气最近的隔墙。

总之，壁蜂这种感觉天赋，应当是自然赐予的。但是人类却没有，我们真的像许多人断言的那样，是从第一个形成细胞的生蛋白原子经过千万年的进化而变得尽善尽美了吗？

胆大包天的寄生蝇

隧蜂是蜂蜜的辛勤制作者，也许人们每天品尝着新鲜的蜂蜜却对隧蜂毫无了解。其实比起蜂房里的蜜蜂来，隧蜂的家族更为庞大。隧蜂的身材较为修长，但是几乎每一只隧蜂的体型都不同。有的隧蜂甚至比一般的胡蜂还要大，但也有的隧蜂与家蝇差不多大小，或者比家蝇还要小些。

虽然隧蜂家族庞大，品种也十分繁杂，但它们却有一个共性：在隧蜂背部的最后一个体节，也就是腹部尾端，有一条光亮纤细的沟槽。当隧蜂进行防御时，它的螯针就会沿着这条沟槽向上滑行。

我的第一个研究对象是斑纹隧蜂，它是隧蜂家族的代表成员。斑纹隧蜂有着优美的身材，就像黄蜂一样，穿着朴素但不失优雅。它的腹部很长，在那里有一条淡红色与黑色相间的肩带所形成的环形条纹，非常漂亮。

斑纹隧蜂群体性地在我的荒石园中采集修筑地道所用的泥土。它们所使用的泥土是红色黏土与细小卵石的混合体，这样的材料非常适合隧蜂所修建的工程。斑纹隧蜂往往选择在坚实的土地里修筑地道，这样可以有效地避免垮塌。斑纹隧蜂群体中的成员数目并不是固定的，有时候多，有时候少，多的时候有一百来只。它们的群落有着各自的小镇，每个小镇之间互不干扰，各个群体独立地进行劳作。斑纹隧蜂之间是邻里关系，而非合作关系。这样的关系让斑纹隧蜂的世界里弥漫着祥和安定的完美气氛。每只斑纹隧蜂都有属于自己的独立的房屋，它们不允许任何莽撞的闯入行为。

四月是斑纹隧蜂为自己挖掘地道的时间。它们挖掘地道的工程很浩大，却不惹人注目，只会在地面上显露出一些小土丘。挖掘工程在四月结束。隧蜂居所的前厅隧道大约有三分米长，直径差不多与粗铅笔相当。这条前厅隧道的内壁凹凸不平，循着由卵石碎屑合成的土地，尽量地垂直往里延伸，但有时候也显得弯弯曲曲。在隧蜂居所的底部，每间小蜂房都以不同的高度横向层叠起来。在一间间小住所的内部，墙壁都粉饰得非常亮丽光润。就像被漆了一层铅矿粉似的，小小的凹室一点也不漏水。幼虫有了这层防水保护层，就能够安心舒适地躺在自己的房间里了。

气候宜人的五月到来了，各种生命重新绽放出活力：百花争艳，草坪碧绿，蒲公英成千上万地盛开了花朵，层层叠叠，雏菊、萎陵菜与羊日花也同样不甘示弱。就在这个优美的季节，斑纹隧蜂已经由挖掘工人转变为采集工人。蜂类昆虫在盛开的花朵上尽情地玩耍着，隧蜂的爪子被花粉沾满了，它的嗉囊中也因充满了蜜而膨胀起来。回到巢穴中的隧蜂把自己采集来的花粉卸下，然后再把身子翻过来，把嗉囊中的蜜吐在土堆上。之后又重新飞回到花丛中开始采花粉，这样的重复工作要做好几次，直到自己蜂房中的食物足够食用。

接下来是制作食物的时间，隧蜂母亲掺拌着蜂蜜揉搓面团，制作丸状的食物。丸状食物外面的柔软部分是由含蜜的粥状物制成的，里层的部分则用干燥的花粉做成。食物制作完成后，一般蜂类昆虫所要做的事就是把房屋封闭起来。无论是条蜂、墙石蜂还是其他的一些小昆虫，它们在把自己的房屋堆满食物之后就开始产卵，最后把房间紧闭。但是隧蜂不同，隧蜂幼虫会得到母亲精心的照料，直到幼虫将要转变为蛹的时候，母亲才会把蜂房关闭。

但是，在这个过程中，隧蜂也会遭到其他昆虫的骚扰。一种胆大包天的寄生蝇，会对隧蜂家族进行疯狂的抢夺。我不知道这种寄生蝇叫什么名字，它们的身长大约有五厘米，属于双翅目昆虫的种类，脸孔呈灰白状，眼睛是暗红色的，前胸也比较灰暗，爪子则是黑色的，灰色的腹部下端逐渐变为白色。它们身上还长着黑色的斑点，总共有五行，斑上长着纤毛。

寄生蝇成堆地聚集在坑洼中，等待着隧蜂回家的时刻。隧蜂采集花粉后，寄生蝇就开始跟踪。隧蜂在返程途中迂回飞行，寄生蝇也穷追不舍。直到隧蜂钻进自己的房子，寄生蝇也同样落在隧蜂的房门口。

隧蜂再次出来的时候，便开始与眼前的寄生蝇相互对峙。从隧蜂的举止上看，它似乎对这位入侵者没有什么兴趣。隧蜂并没有意识到自己的家庭将要遭

受一场侵袭，而寄生蝇也没有表现出任何惧怕。我不知道隧蜂为什么会表现得如此自如，只要它愿意，就可以用它那强大的爪子将对方的肚子捅破，它也可以用自己的大颚把眼前的小虫子钳得粉碎，把它的身体刺穿。但是隧蜂并没有这样做。

通往蜂房的道路非常畅通，等到隧蜂再次出去采集花粉的时候，这只寄生蝇就开始肆无忌惮地进入隧蜂的房间偷食。寄生蝇有着准确计算时间的能力，它能够估算隧蜂回到洞中的时间，因此偷食活动显得更加猖狂。它还会在蜂房中产下自己的卵，没有什么会打扰到它。等到隧蜂返回自己家中的时候，这只偷食的小虫子早就消失得无影无踪了。不过它并没有走得太远，它就躲在不远处，等着隧蜂再次出洞后重新进入蜂房偷吃。

假如寄生蝇在偷吃的时候被隧蜂发现了，后果也不会很严重。隧蜂驱赶寄生蝇的唯一行为就是拍打一下对方的颈项，这也是在遇到那些过于胆大妄为的家伙的情况下才有的举动。尽管如此，寄生蝇进入隧蜂的蜂房里偷食和产卵，仍然是一件困难重重的工作。

因为隧蜂在回家的时候会把花粉涂在自己的爪子上，把花蜜装在嗉囊之中，在这种情况下，寄生蝇很难偷食，因为它无法靠近蜜，花粉也没有稳固的支撑物。此外，隧蜂需要多次来回往返于花丛与自己的家中，囤积原料来制作丸状食物。等到拥有足够数量的原料后，隧蜂就会用自己的大颚搅拌食物。如果寄生蝇的卵混在材料中，处境就会很危险。所以，寄生蝇只能把自己的卵产在丸状食物的表面。不过，隧蜂听之任之的态度也给寄生蝇提供了便利。

寄生蝇的子女出生后，会与隧蜂幼虫混住在一起，抢食隧蜂幼虫的食物。隧蜂的孩子吃不到足够的食物，导致它们的身体得不到充足的营养，很快就会因赢弱而死去，死后的尸体就成为寄生蝇子女的食物。在自己的孩子正遭受厄运的时候，隧蜂母亲在做些什么呢？只要它愿意，它随时都能够进入蜂房中探望自己的孩子，把捣乱者弄死或者赶出自己的家门外，然而隧蜂母亲却无动于衷。

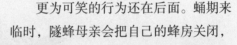

更为可笑的行为还在后面。蛹期来临时，隧蜂母亲会把自己的蜂房关闭，这种做法对于保护蜕变的隧蜂来说是极其有用的。然而让人无奈的是，那些被寄生蝇蹂躏过的蜂房，隧蜂依旧会将它关闭，而狡猾的寄生蝇蛆虫早就在房门关闭之前逃之夭夭。

这些寄生的小虫似乎有着极强的预知能力，它们知道，自己会在关闭的蜂房中受困而死，所以总是提前搬走。当然，除了这一原因之外，促使寄生蝇搬迁的原因还在于，寄生蝇只会产一次卵，七月时，这些后代正处于蛹的状态，它们等着第二年春天的时候发生蜕变。但是隧蜂会在七月份第二次产卵，在产卵之前，它会重新装修原来的蜂房。假如它在清扫蜂房的时候发现了寄生蝇的虫蛹，就会把这些蛹当作废弃物一样清理掉。

七月时，隧蜂开始生育自己的第二代，刚好这个时候是寄生蝇休工不干的时节，这对于隧蜂后代的繁殖大有益处。等到第二年春回大地，寄生蝇羽化之时，正好也是隧蜂在荒石园中四处寻找挖掘洞穴的合适地点的时候。这样完美的日期衔接显得非常可怕，当隧蜂开始活动的时候，寄生蝇的准备工作也做好了，一场抢掠的战争即将再次上演。

第六章

爱装死的黑步甲

我很容易就能够让黑步甲从生机勃勃的状态转至无精打采，我的方式是把它夹在手指间不停地转动；或者将它悬空，当然不能过高，然后再让它呈自由落体式掉落在桌面上，这样重复两三回。黑步甲的身体一再地受到震动之后，它就会肚子朝天，瘫在桌上，一副已经死去的样子：触角交叉着成十字形状，爪子贴在肚子上合拢着，钳子一般的大颚也张开了。

这只小虫子就是我所要探究的有关昆虫装死现象的第一个对象。试验的过程中，我始终用表来掐算时间，因为昆虫每次装死的持续时间都不一样，哪怕是在同一天，相同的气候条件下，也会表现出很大的差异。我唯一能做的就是将观测的结果记录下来，因为这其中的缘由我也未曾知晓。

黑步甲假死的表现令人惊叹，无论是触角还是触须，抑或是它的跗骨，身上的所有部位都看不出一点动静。黑步甲维持假死状态的平均时间是二十分钟。它保持这种毫无生机的状态的时间有时可长达五十分钟，甚至超出一个小时。在黑步甲装死的过程中，苍蝇是捣乱者。倘若想要整个实验的过程不受侵扰，就需要用一个玻璃罩似的容器将这只小昆虫盖住。

不知过了多久，装死的黑步甲有了动静，它的触角和触须都开始动了，复活的时刻到了。在前爪跗骨微颤之后，它的爪子也开始在空中摇摆。黑步甲让自己的背部和头部作为支撑身体的架子，逐渐挣扎着将整个身体翻了过来，然后就迅速地逃跑。我对这只黑步甲连续进行了五次假死试验，这只黑步甲从第一次装死到第五次，持续时间分别是十七分钟、二十分钟、二十五分钟、三十分钟以及五十分钟。显然，它装死的时间越来越长。这也许是为了耗费试验者的耐心和体力吧。因为只有把比它强壮的敌人的精力耗费净，黑步甲才能够成功地逃走。

我想也许是因为桌子太坚硬了，使得黑步甲对于它所擅长的挖掘工作不再抱有信心，因此才会以假死来期望逃跑。接下来我换了一种试验方式，我把这只小虫子放在了除桌子之外的很多种材质上面，玻璃、木头、腐殖土还有沙土。可是出乎意料的是，无论是放在哪一种材料上面，黑步甲仍旧按照之前的方式装死。甚至在沙土之中，这只小虫子也不会用它那灵巧的爪子向下挖掘。看来黑步甲的装死与它所依附物体的材质并无关系，那我们只好进行下一种猜测与实验。

我目不转睛地看着桌子上的黑步甲，这只家伙也用它那被触角遮挡住的眼睛直瞪瞪地望着我。它也许已经把我当作了敌人，由于害怕被我迫害，只要我站在它的旁边，它可能都不会动弹。那么假如我离它远一点呢？它会不会因为看到周围没有危险而迅速起身逃走呢？我一边猜想着，一边来到了大厅的另一个方位，藏了起来。为了保持安静，我站在角落里一动也不动。

那只家伙翻过身来了吗？我探头向桌子的方位望了望。遗憾的是，黑步甲依旧保持着假死的状态，就像我没有离开之前一样安静。是不是因为它还能感觉到我的存在呢？于是我将实验又进了一步，我把刚刚那个为了防止苍蝇干扰实验的玻璃罩子又罩在了黑步甲的上方，然后离开大厅，走进小园子。房间内的门窗都是紧闭着的，没有任何动静会打扰到它。

在园子里待了将近四十分钟后，我回到大厅去看黑步甲的举动。它依旧纹丝不动地仰天躺在桌子上。我把这个实验反反复复地进行了好几次，结果都是一样。看来黑步甲装死的行径与外界的威胁毫无关系。

黑步甲向来以好战著称，在黑步甲的领地——海滩之上，没有任何一种昆

虫能够对它造成威胁。我理解一些弱势群体在遇到危险时总要使用一两种逃难的花招，因为它们自身的力量实在是敌不过强大的对手。然而黑步甲并不是弱者，那么它究竟为什么要用假死这一防御性措施呢？

我们现在所谈论的黑步甲是大头黑步甲，相比起光滑黑步甲，它们显然是大个儿的强者。奇怪的是，光滑黑步甲虽然体积上逊色于大头黑步甲，却从来不会装死。它们在受到一点干扰之后也会肚朝天地躺下，但是会立刻将身子再翻过来逃走，倒地与翻身之间相隔只有几秒钟的时间。很明显，大头黑步甲的优势远远大于光滑黑步甲，然而前者却在一点风吹草动之后就开始装死。按理来讲，强者一般都不会采用这种伎俩，然而事实却恰好相反。

为了弄清这其中的奥妙，我苦思冥想，想要找出一个黑步甲的敌人，一个会对它产生威胁的族类。最后我选择了苍蝇。黑步甲不再动弹之后，苍蝇开始轻微地碰触它，这时的黑步甲像是受到了细微的电流震动，它的跗骨开始颤抖起来。如果苍蝇继续环绕在黑步甲的四周，甚至长时间地待在它那张布满食物汁液和唾沫的嘴巴周围，黑步甲就会立刻翻过身子逃跑。

在这种情况下，我只好去寻找另一种更加有威胁性的虫子。刚好我这里有一只天牛，它有着强健的大颚和爪子。当天牛把自己的爪子搭在黑步甲身上时，原本安静躺着的黑步甲立刻开始颤抖。天牛的这种行为持续的时间越来越久，黑步甲就不再装死了，它会很快地翻过身子逃走。

在黑步甲一动不动地躺在桌子上的时候，我开始了另一种实验。我用硬邦邦的物体敲打桌子腿的下方，力道很轻，因为过大的敲击力量可能会扰乱黑步甲静止的状态。实验显示，每当我用硬物敲打桌子腿的时候，黑步甲的趾肢节就会稍微颤抖，而且还会弯曲一下。

对黑步甲假死的最后一种实验与光照的强弱有关。之前我所进行的实验都是在房间内部，光照不强不弱。现在我要把这张躺着黑步甲的桌子移到窗户旁边，那里是光线强烈的地方。只见在强光照射下的黑步甲毫不犹豫地翻转身子，之后便逃之夭夭了。

黑步甲受到威胁时的表现就是装死。但是如果威胁持续的时间过长，也就是说，假如来自外界的挑弄持续地进行，那么黑步甲就会毫不犹豫地拔腿就跑。多种实验向我们表明，黑步甲根本不会耍什么阴谋诡计，它的装死完全是自然现象，即在遇到外界碰触时身体内产生的一种酥麻现象。黑布甲的神经系统非常娇弱，哪怕是一丁点儿的碰触都会使它陷入昏迷，同样，一丁点儿的碰触也能让它再次复苏。

贪吃的金步甲

动笔写这章时，芝加哥的屠宰场浮现在我的脑海里。那些可怕的肉类加工厂，每年都有一百零八万头牛、一百七十五万头猪在那儿被宰杀。牛和猪活生生地被送入机器，从另一头出来时，它们已被变成了肉罐头、猪油、香肠和火腿卷。之所以想到这些，是因为我接下来要描述的一种昆虫金步甲，将要向我们展示它是如何像机器一般迅速敏捷地进行屠宰的。

我在一个大玻璃钟形罩里养了二十五只金步甲。在我提供给它们做屋顶的那块木板底下，它们躺在那里，肚子埋在潮湿的沙土里，一动不动地边打瞌睡，边消化食物。

我偶然发现了一大串松毛虫，当时它们正从树上下来四处寻找适合的藏身处，为在地下做茧做准备。我正好把这群毛虫交给金步甲去屠宰。于是，我把毛虫收集到钟形罩里，大约有一百五十条，它们很快就排成一串，向前涌动着，一个挨着一个地爬到了木板的尽头，像是芝加哥屠宰场的猪。我打开盖着的木板，下面的金步甲闻到了在身边行进的猎物的气味，立即醒了过来。全体金步甲都兴奋起来了，一齐向路过的猎物奔涌而去。

松毛虫那毛茸茸的皮肤很快就被刽子手们撕裂了，内脏流了出来。毛虫们抽搐着，挣扎着，肛门间歇性地一开一合。未受伤害的毛虫也不顾一切地挖着土，想躲到地下去，但没有一个成功，它们半截身子刚刚钻到地下，就被揪了出来。金步甲又拽又撕，抢到一块肉就避开贪吃的同伴，到一旁独自享用。刚吞下一块，又立马再去撕一块，只要被剖了腹的尸体还有，它们就不停地吃着。在短短几分钟之内，那群毛虫就被吃得只剩下些零碎的残骸了。

一百五十条松毛虫，二十五名刽子手，这样算来，平均每只金步甲要对付六条毛虫。如此快的杀戮速度真是骇人。金步甲追逐毛虫，躲开它们的利爪和齿钩将其制伏，还必须一边拼杀一边当场把毛虫吃掉。试想一下，要是金步甲只是杀死毛虫，那么将会有多少毛虫在这场屠杀中遭到杀害啊！

无疑，松毛虫在金步甲看来等于美味，无论数量多少，它们都乐于接受。松毛虫的毛并不会降低它们的兴趣。我提供给金步甲的食物，不管是带毛还是不带毛的，都会受到它们的欢迎，它们对我开出的条件只有一个，那就是食物的个头不能太大，最好能与自己的个头相对称。太小的填不饱肚子，太大的得费不少心思。让金步甲感到棘手的是大戟天蛾和大孔雀蛾的幼虫。原本我以为它们比较适合金步甲，没想到猎物尾部有力的摆动让它们放弃了进攻。

唯有在捕食比自己弱小的幼虫时，金步甲才有可能占据上风，但由于不会攀岩，不会爬树，只会在地面上捕食，它们就明显地失去了原本应有的优势。

吃蛞蝓是金步甲的另一种爱好，不管什么品种的蛞蝓金步甲都吃，甚至连身材丰满的带棕色斑点的灰色蛞蝓它们也乐意接受。在蛞蝓的背部，有一层内壳保护的部位，如同一个珍珠层盖在蛞蝓心脏和肺的位置上。这个地方最令金步甲馋涎欲滴，因为那里富含美味的矿物质。除了蛞蝓，金步甲还特别喜欢吃蚯蚓。

我为金步甲准备了一条粗壮的蚯蚓，当它们发现猎物时，便迅速将其包围在中间，六只金步甲一哄而上。面对杀戮，蚯蚓所能采取的措施只有扭动身体，前进，后退，屈体，把身体盘起来。捕食者们紧紧地抓住它不放，轮番向它发起进攻。蚯蚓不停地滚动，有时钻到沙土里，一会儿又重新出现；有时保持着正常的体位，有时肚子朝天，但是就算用尽浑身解数，蚯蚓也不可能削弱金步甲的斗志。只要咬住了猎物，金步甲就绝对不会松口，战斗结束，蚯蚓那层坚硬的皮被捕猎者撕裂，带着血的内脏流了一地。没费多长时间，那个体格粗壮的环节动物已经成了一摊残渣，惨不忍睹。

　　我费尽心思，尽量为这些家伙变换食谱。在我的面前，花金龟与金步甲和平相处了两个礼拜，双方井水不犯河水，谁都不敢粗暴地对待对方。从花金龟身边走过时，金步甲连看都没看它一眼。金步甲对花金龟是没有兴趣，还是觉得自己的力量还不足以对付它们呢？让我们往下看。

　　当我把花金龟的鞘翅和后翅摘除之后，金步甲纷至沓来，迫不及待地将它们开膛破肚。看来金步甲一开始不愿意碰这些猎物，是因为紧闭的鞘翅护甲令食肉的金步甲感到畏惧，这让它们成了循规蹈矩的昆虫。在用黑叶甲做完实验后，我得到了同样的结果。

　　在玻璃罩里，金步甲常常与黑叶甲擦身而过，并没有对黑叶甲产生非分之想。不过，只要黑叶甲的鞘翅被我摘掉，金步甲就会很快将它们吞入肚子。黑叶甲的幼虫也是金步甲的佳肴。当它们发现这些铜黑色的猎物后，会毫不犹豫地扑上去撕咬，开膛剖腹后将其吞进肚里。它们对这种小肉球趋之若鹜，我给它们多少，它们就吃掉多少。

花金龟和黑叶甲可以借助严密而坚固的鞘翅保护，免受金步甲的威胁与伤害，对于如何打开它们藏在护甲下的柔软腹腔，金步甲一无所知，不过，假如花金龟和黑叶甲没有将护甲关严，捕食者就很清楚自己可以将它掀开，直达目的地。只要有办法掀掉鞘翅，不管什么样的鞘翅目昆虫，金步甲都乐于接受。

我把两只蜗牛放到一群饿了两天的金步甲中间，蜗牛嵌在沙土里，硬壳的开口是朝上的，硬壳里躲藏着那只软体动物。饿慌了的金步甲不时来到洞口，然而它们只是吞吞口水，站了片刻，没有作更多的努力就悻悻地离开了。

蜗牛被咬到后，会吐出由胸泡的空气挤压成的泡沫。这些泡沫吓退了金步甲，那两只蜗牛在饥饿的金步甲群里待了一整天都没有碰上什么麻烦，第二天，我发现它们还像前一天那样精神焕发。

为了保证实验顺利进行，我还是得帮助金步甲去掉这些令人讨厌的泡沫。在此之后，金步甲开始了它疯狂的捕食行动。五六只金步甲围拢在一起，大口吞噬着那块光鲜而且不带泡沫的肉。假如就餐的地方能再宽敞些，用餐者还会增加许多。

第二天，我又放进去一只完好地嵌在沙里的、开口朝上的蜗牛。蜗牛看起来受了刺激，那是因为我在蜗牛壳上浇了些凉水。它从壳里探出脑袋，长时间地展示着管子一样的眼睛，伸长的脖子活像天鹅颈。在捕食者发出的可怕声响面前，它显得非常平静。就算很快要被它们划开肚皮，也不能阻止它充分展现自己柔嫩的肉体。大半个身子露在沙土外面的蜗牛不会引起任何一只金步甲的注意，如果有哪一只金步甲凭着比它的伙伴更勇敢的劲头去撕咬那只蜗牛，那么蜗牛就会缩着躲进壳里，并开始吐泡沫，这种防卫姿势足以击退那些进攻者。整个下午和晚上，蜗牛就一直那么待着，虽然它眼前有着二十五个捕食者，然而血腥的杀戮并没有发生。

通过多次这样的实验，我相信，对于完好的蜗牛，金步甲没有进攻的兴趣，即便是在一阵骤雨后，蜗牛把上身伸出壳，在湿草地上爬行，金步甲的态度也是一样。身体残缺者才是金步甲的最爱，它们需要猎物身上有一个缺口，这有利于它们一口咬住，不会让蜗牛吐出泡沫。

我给金步甲换了一个食谱——一块鲜肉。看到食物，这些家伙会主动过来，一丝不苟地找好自己的位置，随即便将肉切成小块吞咽下去。有一次，我给了这些家伙一块鼹鼠肉，这份食物可能是它们根本没吃过的。但它们仍然接受了。除了鱼肉，任何一种肉都能让金步甲欣然接受。鱼肉对它们而言实在太过陌生。

我在玻璃罩内放置了一个水槽，是一个盛满水的小碗，在酒足饭饱之后，金步甲会来到这里喝水。这样做是为了清洗一下黏稠的嘴唇，降降火，洗掉黏附在跗节上的黏液。洗漱之后，它们就回到木板下的小屋里，安安静静地睡大觉。

自己做衣服的锯角叶甲

衣服无论对人来说还是对于其他动物来说都必不可少，然而绝大多数动物都无须为自己的衣着费心，它们的皮毛与生俱来。正因为如此，这些动物们不具有在外衣上添加饰物的技能。蜗牛不用为自己身上有无甲壳而担心；螃蟹不用为它是否拥有一件齐膝的紧身外衣而苦恼；鸟类不会为自己身上有无羽毛覆盖而忧虑；生活在陆地上的爬行动物们也不用担心自己有无鳞甲来防身。动物们身上的绒毛、螺钿质、下脚毛、鳞甲等，无一例外都是自然生长出来的。

如果想要找到一些例外的话，那就得去昆虫界寻找了。在昆虫领域，发明衣服的首先要属叶甲，它们的服装是用粪便做成的。百合花叶甲就会为自己做衣服，它使用的原料是自己的粪便，这种粪便对于防止寄生虫的侵害十分奏效。

不仅如此，它还能够有效地遮挡太阳的照射。

我们知道爱斯基摩人的衣服是通过刮取海豹的肠衣来获得的。我们的祖先——穴居人，他们的衣服来源于熊的皮毛。而叶甲制作衣服的技能绝对比因纽特人要高明，甚至还会超出我们的祖先。因为当人类还在为自己有树叶遮羞而感到高兴的时候，叶甲已经懂得自己搜集衣服原料了。

叶甲属于鞘翅目昆虫，它们的体形非常优美，色泽也很光亮。幼虫刚出生时全身裸露，没有一处被包裹的地方，不过很快它们就会为自己编织住所了。这种住所类似于蜗牛的壳，是一种长坛子，既是衣服也是房子。幼虫在坛子造好之后会让自己躲进去，不会轻易出来。假如遇到让它们惶恐的事情，它们就会把身子突然向后缩，整个身体都缩进坛子，然后再把自己平扁的头部当作坛子的封口。等到它们认为危险过去，才会让自己的头部还有长着爪子的三个体节伸到坛子外面。幼虫身体的主干部分比较脆弱，所以它们绝不会让这部分外露。

这个坛子采用双耳尖底瓮的形式，看起来非常漂亮。当然，除了光鲜的外表之外，坛子本身的质量也经得起考验，用手指去按压也没问题。坛子制作得细致精美，外表层为土灰色，有着对称的脉络，内里的光滑程度可与皮毛相媲美。坛子的底部有点圆，这是因为幼虫身子后面的部位稍微有些膨胀。此外，底部还有着装饰性的小花纹，呈双重凸状。锯角叶甲的前段身体细小，这样一来，它行走时坛子才

能够抬高，从而支撑在幼虫的背上。

幼虫在行走的时候非常缓慢，小步前行，这也是由于长坛子的负重造成的。而且坛子的重心很高，幼虫在行走时很容易翻倒。不过幼虫这种摇摇晃晃的前行方式看上去还比较优雅，就像斜戴着一顶帽子似的。

坛子很结实，在遭受雨水侵蚀的时候不会变得柔软，更加不会四分五裂。同样，它在受烈火炙烤的时候也不容易变形，只是会褪去褐色，转而呈现出含铁的泥土焙烧后的色彩。显然，坛子的材料是矿物性的，但究竟是什么黏合剂使土质成分变成褐色，使它黏合的呢？

为了解除这些疑惑，我们需要长时间地观察幼虫，因为幼虫胆子很小，外界有什么动静它都会把自己缩到坛子里面，很长一段时间内都没有动静，所以这项工作极需要耐心。有一次我在等待幼虫从坛子中露出的时候，突然看见它在干活。幼虫从坛子里出来时，载着一个褐色的线球。它将这个线球与一些泥土混合，并且揉捏线球，直至均匀。之后它会非常娴熟地把揉匀的泥土和线球混合物铺在坛子的边缘上磨平，使之呈薄薄的片状。

幼虫只用自己的触须和大颚进行劳动，它的劳动工具几乎融合了泥刀、糅合器、碾压机以及小桶等器具的作用。等到完成了第一回合的工作后，幼虫又会再一次地后退，然后开始第二个回合的劳作。这样的重复工作会进行差不多五六次，整个坛子的口径旁边就会出现一个卷边。

这个卷边是由两种物质揉捏而成的，就是我们刚才提到的泥土和线球。泥土的来源很清楚，是在坛子的周边找来的，具有偶然性，是黏土的可能性很大。但是那个线球又是什么东西呢？我看到幼虫是从坛子的底部将线球抬出来的，因为它每次由缩退的状态而再次露出时，它的大颚上面都有着这样的褐色线球。

可以确定的是坛子的后方非常严实，没有一丝漏风的地方。这样一来，幼虫排泄出的粪便就没有流到外界的可能性，排泄物都留在了坛子的底部，而幼虫每次所抬着的线球正是它自己的粪便。

幼虫将粪便涂在坛子的内部，这样既可以加固坛子，也可以为内壁增添一

层光滑的表皮。等到幼虫的身体慢慢地变大时，它就会根据自己身体的尺寸来将外衣扩大。如何做呢？这就要用到黏合剂了。幼虫会把坛子内部清扫干净，然后掉转身体，用大颚尖的末端逐个地收集线球，再掺和上一些泥土，这样，优良的陶瓷黏土就做成了。

锯角叶甲的本事很高超，它们可以把衣服内里的那一层移动到外部。在幼虫的身体长大之后，它们就将内里刮下来，然后用黏合剂把这些刮下来的材料重新在外部黏合起来，这样就在外层形成了新的表壁。如此一来，里面的空间就变大了。而且锯角叶甲幼虫的背部十分柔软，它们很轻易地就可以将身体伸向外壳的尾部。这种扩大房屋的过程是逐步进行的，步调周密而且协调，所有材料都得以回收利用，没有任何浪费的行为。旧材料会作为拱顶石一般的部分修入新房子的顶部。而且锯角叶甲还为那一卷装饰性的绲边事先留好了空间。

也许有人会担心，锯角叶甲不停地将自己的房屋扩大翻新，而且是用原先的旧料来修葺新表层，那么总会有旧料不够用的时候吧？这样的话，新的房屋表壁就会越来越单薄，总有一天会因此崩溃。这个担心是多余的，因为锯角叶甲早就想到了这一点。它们一方面对旧材料进行回收利用，另一方面也会加入新材料，那就是家门口的泥土，再加上它们的黏合剂，随时都可以保持房屋的厚度。锯角叶甲幼虫的房屋兼衣服，大小始终合适，不松不紧，而且足够坚固。

寒冬的时候，幼虫会封闭坛子的口径，泥土和黏合剂又派上了用场。等到幼虫的身体开始发生变化时，它就会掉转身体的方向，将原本朝着口径的头部扭转到坛子的尾端，而身体的尾部则朝向了口径。之后坛子的口径就不再被打开了。直至四五月幼虫成年的时候，它才会把坛子从后面再度破开，然后爬出。

锯角叶甲的坛子制作的精致程度已经毫无疑问，但我仍旧存有疑惑：在最初坛子没有任何雏形的时候，幼虫是怎样将模型打造出来的呢？难道一只小小的锯甲幼虫可以在没有任何指导的情况下就能够自己将模型做成吗？也许幼虫的母亲会遗传特殊的技艺给它，所以我觉得观察刚出生幼虫的行为是很有必要的，很有可能问题的秘密就存在于卵中。

短命的西芫菁

五月是条蜂忙着筑巢、储存食物和产卵的时期。我到条蜂居住的山坡参观时，已经是八九月份了，这时，它们的工作早已完工。原本熙熙攘攘的聚居地如今早已变得冷清沉寂。数以千计的幼虫和蛹沉睡在地下的蜂房里，直至来年春天才会苏醒。这些处于麻木状态，无法自卫的小家伙，难道不会被寄生虫发现，当作寄生的目标吗？

条蜂的蜂窝四周结满了蜘蛛网，蛛网上挂着很多已经死去的寄生虫，其中有穿着黑白相间衣服的双翅目昆虫卵蜂虻，还有鞘翅目昆虫西芫菁。我在观察蜂窝时，能够看到一些卵蜂虻在蜂窝的巷道之间飞来飞去，想要趁机把卵产在幼虫身上。还有一些雄性的西芫菁对同伴的尸体视而不见，只顾着寻找雌性的同伴，然后肆无忌惮地交配。雌性西芫菁受孕后，便挺着大肚子钻进一条巷道的洞口，倒退着进洞。这两种昆虫就这样忙碌着，交配，产卵，然后死在条蜂的家门前。

当我把蜂窝挖开之后，才知道这里的居民不止条蜂一家。事实上，整个蜂窝分

为上下两层，上层居住的是壁蜂，下层居住的才是条蜂。而刚才我看到的卵蜂虻产卵的位置是壁蜂的房间，而西芫菁产下的卵寄生在条蜂窝里。

我在条蜂的窝里找到了一些蛋形茧，西芫菁便住在里面。我把一些已经发育成熟的茧放在瓶子里，观察它们破茧的情况。这种茧是很容易打开的，只要西芫菁用它们的大颚随便戳几下，再用腿扒几下，就能够冲破茧子的束缚。成虫一旦获得自由，便会立刻寻找配偶进行交配，不会有片刻拖延。我的瓶子里有一只雌性西芫菁，它已经从茧子里探出头部了，这时，旁边一只已经破茧两小时的雄芫菁过来帮忙了。它很快就帮助那只雌性西芫菁破开了茧，随后它们就开始交配，交配大约会持续一分钟。

倘若是在自然环境下，雄性西芫菁会先从条蜂的蜂窝里走出来，为了与雌性西芫菁交配，它恐怕也会走回窝里，去帮助对方破茧而出。通常情况下，它们会在条蜂的巷道口进行交配。交配之后，它们用自己的大颚将一抒腿部和触须，然后各自走开。雄性西芫菁躲进土坡的缝隙里，在那里迎接死亡的到来，一般来说，死亡会在两三天后降临。而雌性西芫菁则立刻进洞产卵，随后在产卵的过道口那里死去。

西芫菁的成虫破茧而出后，就只剩下了短暂的生命，所以它们必须一刻不停地抓紧时间交配产卵，延续种族。除了条蜂蜂窝这个地点，我从未在其他任何地方见过它们，它们一生的舞台就只有这里，这既是它们出生的舞台，也是繁衍的舞台，更是死亡的舞台。它们出生后，先是禁食大半年，然后花上半个月大吃一顿，接着就在茧中进入沉眠，破茧之后经历一分钟的爱情时光便死去。这种昆虫在阳光下的生活是多么短暂啊！正因为如此，它们昙花一现的爱情才让我记忆深刻。

为了弄清楚雌性西芫菁产卵的经过，我在瓶子里放进了几片有条蜂蜂房的土块，还仿照蜂窝的巷道，放进去一根圆柱形的管子，直径与巷道差不多。我看到雌虫拖着大肚子四处察看、探测，半小时后终于选定了这条巷道作为产卵地。它把腹部伸进去，开始了长达三十六个小时的产卵过程。在这段长得令人生厌的时间里，雌虫饶有耐心地一动不动。

这位母亲产下来的卵是白色的，呈蛋形，长度半毫米左右，彼此粘连，但并不紧密。在三十六个小时里，这只雌性西芫菁几乎是一刻不停地在产卵，以至于卵的数量多达两千多枚。由此我估计，西芫菁的幼虫存活率应该很低，否则母亲也不用产下这么多卵来维持种族的延续。

以前我以为西芫菁是把卵产在条蜂的蜂房里，现在看来，我想错了。雌性西芫菁只是把卵产在巷道里离入口处大概一两指的地方。而且，母亲没有给卵做任何防护，只是让它们裸露着堆在那里。因为所处的位置不深，也没有任何遮挡物，所以，在自然的环境下，冬天到来之前，这些卵和孵化出来的一部分初生幼虫都将成为蜘蛛、粉螨、圆皮蠹等掠夺者的食物，而冬天的严寒也将杀死一部分，最后能够存活下来的幼虫是很少的。

卵产下来一个月后就开始孵化了。刚孵化出来的幼虫看上去是黑色的，身长只有一毫米。我以为这些幼虫能够移动之后，就会自行爬进条蜂的其中一个蜂房里安顿自己，尽管我还不知道它们进入蜂房的方式，因为所有的条蜂蜂房都完好无损，并没有入侵的痕迹。但事实证明，我又想错了。这些小家伙孵出来后，尽管腿很强壮，足够支撑它们四处走动，它们却仍旧傻乎乎地待在原地，和那些碎裂的卵壳待在一起。

我不得不用带有条蜂窝、敞开的蜂房或者幼虫、蛹的土块放在它们面前，好引诱它们进去，这些蠢笨的小家伙却无动于衷，始终待在那里。我用针尖拨动它们时，它们也会蠕动，但除此之外，它们一直都很安静。如果我强硬地把它移开，它只要获得自由，就会立刻回到那一堆卵壳和其他幼虫之间，或许，它们必须这样待着，才不会觉得冷吧，这是我此刻能够想出来的唯一理由。

第七章

爱护公共卫生的粪金龟

　　很多昆虫一辈子只为了一个任务而生存，这个任务一旦完成，它们也就随之死亡。就像步甲，很多人都认为它厚厚的胸甲可以所向披靡，殊不知它一生的任务就是把后代安顿在碎石下面，安顿好后代后，它就立刻颓然倒地，再也没有力气了。还有蜜蜂，在人们眼中它是一个辛勤的小家伙，采蜜是它一辈子的工作，但是，一旦蜜罐装满了，它就好像立刻失去了生存的意义，一命呜呼。与这些昆虫相比，食粪虫家族就显得不一样了。它们在产完后代后非但不会死去，来年的春天还会跟自己的子女一起享受和风细雨，甚至还可以让自己家族的规模再扩大一倍。

　　七八月份的时候，很多昆虫都因为酷暑的原因不愿从自己的洞穴中走出来，高温会让很多虫都晕头转向，但是食粪虫不一样，它们整天忙忙碌碌地寻觅着粪便，乐此不疲，根本不去理会气温的变化。当其他昆虫已经寥寥无几很难找到时，我依然可以不费吹灰之力地在一顿粪便下面找到成千上万的食粪虫，像是蜣金龟和嗡蜣螂。

　　也许自然界的操控者怜悯它们是地下的滚粪工人，是大自然的清道夫，所以让它们躲过了大批的扼杀，在田野或者草原上开心地生活，成为小个头的老寿星。我之所以能够大规模地发现这些小昆虫，跟它们的长寿有很大关系。那些比较少见的昆虫每次出游都只能跟自己的兄弟姐妹做伴，甚至有的时候只能

94

孤身一人。但是这些食粪虫出行的时候身边不仅有自己的兄弟姐妹，还有成群的后代。

有时候我在想，大自然操控者是不是一个偏心的家伙，要不然为什么它对乡村那么好，赐给它们两种很强大的清道夫。第一种清道夫是分解动物尸体的劳动者，第二种是我刚刚说的食粪虫。这些小东西不仅仅是勤劳的、不嫌脏、不嫌累的劳动者，还是一个把粪料视为美味的贪吃鬼，它们的任务还有一个更崇高的目的，就是为人们创造一个健康的生活环境。

这些清道夫们的工作意义十分重大。它们把我们眼中的脏东西视为美味的食物，并把这些粪料分解成小块搬运到地下，为自己后代的孵化提供养分，当然在非孵化时期这些粪料也是它们的食物。它看见排泄物就忙忙碌碌地把它们搬运到地下，这样病菌就没有办法传播了，人们生存环境的健康指数也会随之大大提升。

我家周围从事食粪工作的粪金龟一共有四个种类，包括具刺粪金龟、变粪金龟、粪堆粪金龟和黑粪金龟。前两种类型的粪金龟比较少见，后两种粪金龟的外形有点相似，都有着华丽的外表——胸前是贵气十足的衣裳，背部乌黑发亮，佩戴着华丽璀璨的首饰，黑粪金龟拥有的是黄铜般灿烂的珠宝，而粪堆粪金龟有的是紫水晶一样美丽的珠宝。

我想知道华丽的外表到底有没有让它们在工作中变得娇气，于是我挑选了十二只这两个种类的粪金龟，放在同一个饲养笼里。我事先把食物清理干净，然后放进去一大坨骡子的粪便，打算计算一下一只粪金龟在固定的时间里能够处理的

粪便的量。

第二天早上我再去饲养笼前察看的时候，我真的怀疑自己昨天下午有没有放进去那么大的一坨粪便，此时地上只有一点粪便中的碎屑，这十二位搬运工把所有的粪便都搬运到了地下。我估算了一下，要是把这坨粪便分成十二等份的话，那么一只粪金龟要搬运到地下的粪料体积就有大约一立方分米那么大，对于这个小东西来说这简直是不可完成的任务，但是它在这样短的时间内完成了，不但很快，而且干净利落。

有时候我在想，粪金龟在地下储藏了这么多可口的食物，是不是它们会在一段时间内不再走出地面了呢？当然不可能，盛夏的阳光可能不是它们的最爱，但是黄昏的静谧可是它们最喜欢的。到了这个时候，它们会成群结队从自己的洞穴中爬出来，这些小虫子似乎对外面的世界有着更大的眷恋。

粪金龟每晚都会外出奔波，不管自己的洞穴中已经储藏了多少粪料，它们还是会辛勤地扩充自己的仓库，这到底是为什么呢？难道是它们的食量大到跟它们小小的身躯不成正比？

实际上粪金龟每次吃得不多，它们喜欢储藏很多的粪料，每天食用的时候随机打开一个小仓库，取出其中的粪料作为可口的食物，吃掉一部分，剩余的部分就丢掉了。相比之下，它们丢掉的部分要远远多过于吃掉的部分。粪金龟们白天的时候会兴奋地守着自己满仓的食物，黄昏一到，它们又窸窸窣窣向外爬，开始了新的搜集、搬运和掩埋过程。可见，它们对于食物本身的热情远远不及寻找食物的热情，它们是如此享受发现食物、搬运食物的过程。

　　如果人类可以不用那种可笑的眼光看待粪金龟的工作，就很容易发现粪金龟的工作对人类的帮助。首先，由于粪金龟的辛勤劳作，使得地面上的清洁有了保证；其次，它们的工作造成了一个很奇妙的循环，如果细心点观察联想，很容易发现其中的联系。一群大大小小的粪金龟把地面上的粪料搬运到地下埋好，这块土地自然就变得比较肥沃，那么日后长在这片土地上的植物肯定就比较茂盛，这样，牛羊就有了良好的食料，自然就长得很肥硕，这不正是我们所需要的吗？

　　粪金龟搜集粪便不仅仅是盲目追求量的积累，它们也是一群有智慧的小东西。粪料中有植物需要的养分，也有这些食粪虫需要的养料，但是养料也有保存的条件。比如长期处于潮湿的环境当中，或是长久暴露在日光之下，粪料里的养分就会流失。这些小食粪虫们也知道这一点，所以粪金龟在搜索粪料的时候，会尽量挑选新鲜的，因为这样的粪料中富含氮肥、磷肥、钾肥等。而对于那些被雨水浸泡已久的粪料，或是那些在阳光下暴晒已久、已经变得干裂的粪料，它们连看都不看。

　　粪金龟在搜集粪料的时候不仅要考虑粪料的新鲜程度，还要考虑环境和气候因素，所以有很多人说，粪金龟是一个小天气预报员。田野里的粪金龟只在太阳下山后才会从自己的洞穴中爬出来，但是如果天气很冷、刮起了大风，或是下雨，它们都不会爬出洞来，因为在这样的天气里，粪料不会有什么营养，它们自己也没有办法好好寻找粪料，它们需要的是热烘烘的空气和宁静的环境。

　　这是田野里的粪金龟，那么我的饲养瓶中的粪金龟会怎么样呢？每天傍晚太阳下山后，我都会记录下它们的活动，第二天再记录下当时的天气，然后对比前一天晚上玻璃瓶中的粪金龟的活动。对照之后我发现，在实验室里的粪金龟虽然看不见外面的世界，也没有什么先进的感应设备，但是其作出的天气预报的准确度却高得惊人。

　　第二天如果艳阳高照，那么前一天的黄昏粪金龟肯定会塞塞窣窣往外爬。

相反，如果第二天天气不好，刮风下雨或是阴云密布，那么前一天黄昏，整个玻璃瓶里都很安静，这群小家伙们似乎集体给自己休假一样，当然，它们储藏的粪料是足以在天气不好的时候支撑它们很长一段时间的。

有的时候，黄昏的天气很好，我感觉第二天会是一个好天气，但是这些小小的天气预报员却按兵不动，刚开始的时候我会暗自窃喜，心想这些小东西也有出错的时候。可是往往这种感觉到了半夜就会消失，因为夜里总是会突然下雨或是刮起大风。

我像赌气似的连续观察了三个月，事实证明，这些小小的食粪虫身体构造里的确像安装了一个精密的水银气压仪一样，它们对于气压的感知是相当精确的。粪金龟不仅是很棒的清道夫，为我们生存环境的卫生做出了很大的贡献，而且还能对气压的变化做出反应，如果能加以科学的研究，将又是一个重要的科学应用。

孤僻的朗格多克蝎子

我是如此向往蝎子能够被人们了解。可是，蝎子的本性几乎无人知晓，它沉默寡言，没有一位观察家敢坚持观察它隐秘的生活习性，被人们所熟知的只有那些在酒精中浸泡以后被解剖的生理结构。我家附近有许多朗格多克蝎子。它们对住宅条件的要求很低。别人都不喜欢植物稀少的地方，可是朗格多克蝎子却偏偏热爱那里被太阳烧烤的页岩。虽然那里通常能碰到大片的蝎子殖民地，但千万不能认为蝎子是一种群居动物。孤僻的性格和过分的苛刻让它们总是独处一室。

当我们翻开那些较大较扁平的石头时，如果发现一个广口瓶颈那么粗，一分米深的洞，就意味着这里有蝎子。俯下身你就能看见蝎子在家门口，张开螯钳，翘起尾部，一副紧张的防御表情。

朗格多克蝎子生活在地中海沿岸省份，身长可以达到八九厘米，颜色如同金黄色的稻谷。它是一种特别令人害怕又鲜为人了解的昆虫。

蝎子的尾部，实际上应看作它的腹部，由一个个的棱锥组成，就像桶板拼接成棱凸的小酒桶，一共有五个，连在一起像一串美丽的珍珠。它螯肢的上钳肢和下钳肢也有同样的棱凸纹，将腿节切成许多狭长的面。其他的线条在背上面蜿蜒，就像护胸甲上用细粒状轧花绳边缝制的一块块皮料的接缝。这些突出的颗粒成了蝎子们坚固的原始武器，并构成了朗格多克蝎子的特点。它就像一只被刀削出来的动物。

朗格多克蝎子的尾部第五节之后，有一个光滑的带状尾节。这个囊袋像一个葫芦，是制造和储存毒液的仓库。囊袋的尾端有一根用放大镜才能看得见的十分尖利的深色弯钩形毒螯，毒液会通过这个小孔注入猎物的伤口。

蝎子几乎总是翘着尾巴，不管是行进时还是在休息时，它都很少把尾巴展开伸直。因为毒螯呈弯钩状，当尾部平伸的时候，毒螯的针尖是朝下的，蝎子必须翘起尾巴，自下而上向身体前部拍打。当敌人抓住它螯肢的时候，只要把尾巴弯向背部，向前伸就能刺伤对方。

它的螯肢是口器的帮手，被用作打仗和打探情报的工具。爬行时，蝎子把螯肢伸向前方，两指张开，一边摸清前方的障碍。攻击时，螯肢就会死死地抓住敌人，使其动弹不得；这时，尾部的毒螯会从背后向前刺过去。当蝎子要享受美食的时候，螯肢发挥了手的作用，借助螯肢蝎子会把猎物夹住送到嘴里。

行走、平衡、挖掘等功能离不开步足。步足胫节平切面上有一组弯曲的活动小爪，跗节是一根短而细的尖刺，就像一根拇指，在这个发育不全的跗节上布满了粗毛。小爪和跗节组成了一个精妙的钩爪，能够让笨重的蝎子在纱罩的网纱上攀爬并长时间头朝下停在网上，甚至还能在垂直的墙壁上攀爬。

紧接步足基节的是蝎子独有的一个奇怪器官。它由一长排小薄片组成，一片挨着一片，名为栉板。解剖学者认为，栉板的作用如同一个转动齿轮的机械，专门用来把两只交配的蝎子连在一起。除此之外，栉板还有另外一个作用，就是保证蝎子腹部朝天在网罩上爬行。蝎子不动的时候，两块栉板紧贴在与步足基节相连的胸腹面，当蝎子行进时，两块栉板便分别向左右两侧抛出，与身体轴线垂直，它们轻轻地摆动，有时微微向上升起，有时略向下。当蝎子停下来的时候，栉板会立即收缩，折向胸腹面，不再动弹。对于蝎子来说，栉板是一种平衡器。

蝎子的头胸部长着分成三组的八只眼睛。其中两只闪闪发光、又大又鼓的眼睛，看上去像是很严重的近视眼。曲线形的结节状脊线构成了睫毛，为它又增添了几分凶狠。而它的光轴近乎指向水平方向，几乎只能看见两侧的物体。另外两组眼睛均由三只小眼睛组成，位置更加靠前，差不多是在口器上方弯拱楣的平切边上，左右两边的三支小凸眼排列在一条短直线上，光轴直直地射向两边。所以，蝎子看不清前方的物体，不管大眼睛还是小眼睛。严重的近视和斜视，让它像瞎子一样摸索着前进，伸向前方的螯肢和张开的跗节成了蝎子探路的手。

要探索蝎子的神秘生活习性，只靠翻石头和偶然到附近的山冈区观察是不够的。我准备用人工饲养的方法，在实验室的大桌子上建立蝎子园。我找了一些大罐子，每个里面都装些筛过的沙子，放了两块花盆的碎片，再将两块大瓦片半埋在土里作为屋顶，代替石头下的陋室，最后把圆拱形的纱罩罩在沙罐上。

　　饲养危险的动物是一个学习的过程，这里有一些细节可以提供给今后打算从事同样研究的人们。我们应该关注蝎子住所的卫生，并且注意便于携带，可以根据观察时的需要，放在阳光下或者阴暗处。而且，住所里缺少食物，尽管蝎子很节省，但依旧需要我定期供应食物。我在网纱的中间开了一个小孔，每天把抓到的活猎物放进去，喂完食以后，再用一个棉团把天窗堵上。

　　严格的安全防范措施也是必不可少的。如果蝎子逃出笼子，又碰巧触到了你的手，那可就不妙了。为了避免这种情况，我把钟形纱罩插入沙罐直到容器的底部，用黏土把网罩和容器之间留出的一圈空档填满，并加水夯实。这样，蝎子就绝对跑不出来了。嵌入泥土的网罩不能动摇，容器也没有细缝让蝎子跑出去。要是蝎子按捺不住，从它占据的那块地的边缘向深处挖掘，不是碰到金属罩，就是碰到容器，总之，它绝对不可能逾越这些障碍。

　　蝎子刚刚移民到网罩里面，就迫不及待地向我展示了它们的挖掘工作。朗格多克蝎子为了住上自己建的小房子，各自找了一大块安家所需的弧形瓦片，瓦片插进沙子里形成了一个地道口，一条简单的拱形裂缝。接下来蝎子要继续进行挖掘，它们靠第四对步足支撑，用其他三对步足耙土、耕地，轻巧敏捷地把土块碾碎、刨松。快速把土碾碎以后，蝎子开始了清理工作，它把用力拉直的尾巴贴在地上，把土堆往后推。强有力的螯肢始终没有参与挖掘，因为螯肢的作用是往嘴里送食物、打仗和提供信息。

这位清洁工十分负责，如果清出的杂物推得还不够远，清洁工还会回过头来用弹棍式的尾巴推几下，直至完成任务。蝎子用步足交替挖土，再把挖出来的土推到外面，最后这位挖掘者便消失在大瓦片下了。我看见一个小沙丘堵在地道口上，不时的震动使一些细沙滚落下来，说明劳动一直都没有停止；新挖出的砾石不断被推出来，直至地洞达到需要的高度。当蝎子想从洞里出来的时候，不用费力就可以把那个不时有沙土滚落的障碍物推倒。

我观察了它们的栖息所。首先看见的是前厅，那是蝎子取暖的地方。蝎子喜欢在一天中最炎热的时候，独自待在门厅，享受透过屋顶慢慢蒸发进来的热气。这位隐修士不爱出门，沉默寡言，时而在潮湿的洞穴，时而在屋子的挡雨板下，时而在沙丘后面，它的生活总是在长期的独处和静思中度过。

只"喝汤"的绿蝇幼虫

我一直希望能够了解那些清除腐尸的清洁工的习俗，观察它们分解尸体的过程。在乡下，经常可以见到被农夫无意或有意打死的鼹鼠或蛇的尸体，以及尸体上勤劳的开发者，但我没办法一直蹲在路边进行观察和研究。于是，在拥有了自己的院子之后，我开始着手制作一个用来盛装腐尸的空中作坊。

具体的制作过程其实很简单，我把三根芦苇枝绑在一起，形成一个三脚架的形状，支架的高度大约有一人那么高，上面吊着一个装满沙子的罐子，为了在下雨的时候将多余的水排出，我在罐底钻了一个小洞。我把收集到的各类生

物的尸体放在罐子里，条件允许的话，我会首选游蛇、蜥蜴、癞蛤蟆，因为这些东西有一个共同的特点——皮肤上没有毛——这样能够让我更容易看清入侵尸体的不速之客。

我收集来的东西主要来自邻家小孩的辛勤劳动，有用棍子挑来的蛇、有用菜叶包来的蜥蜴、有用捕鼠器捕捉来的褐家鼠、没有水喝导致死亡的小鸡、被打死的鼹鼠、被过往车辆轧死的小猫，还有被有毒的草毒死的兔子。为了不让我的猫来访问作坊，我用心良苦地把罐子吊得很高，但另一种讨厌的家伙却来了：蚂蚁顺着芦苇秆爬了上来。一具动物的尸体放进罐子才两个小时，这些猎食者就发现了它。

蚂蚁在属于自己的季节是最忙碌的，它们会在第一时间发现死尸，并在确认死尸身上没有任何可以啃的东西后再缓缓离去。可是它并不是最专业的分解死尸者。当死尸真正开始发臭，专业部队就蜂拥而至，这里面包括：皮蠹、腐阎虫、葬尸甲、埋葬虫、苍蝇和隐翅虫，是它们把死尸完全地消化了。

其中不得不提的是比其他分解者更为高级的是苍蝇。苍蝇种类繁多，一一研究的话，未免要花费太多精力，我只需要知道其中几类苍蝇的习性，就可以推断其他苍蝇的习性了。

绿蝇是人们熟知的双翅目昆虫，它身上有一种金绿色的金属光泽，我常常感叹，这么美丽的外衣穿在分解死尸的清洁工身上，是多么的不相称。屡次来我作坊的三种绿蝇分别是叉叶绿蝇、常绿蝇和居佩绿蝇。前两种的颜色是金绿色，后一种绿蝇的颜色则是铜色。它们有一个共同点，眼睛都是红色的，周围有银边环绕。

单论绿蝇的个头，常绿蝇是最大的，但叉叶绿蝇干起活来更为熟练。一次，我无意中发现了处于产卵期的它，它把卵产在了羊脖子里，具体来讲，是产在这只羊的颈椎的脊髓上。因为产地相当集中，我把脊髓抽出来，就很容易地收集到了这些卵。

卵密密麻麻的，难以计数。我把它们养在广口瓶里，等到它们在沙土里化成蛹之后，才知道卵的数目多达一百五十七个。绿蝇是分次分批进行产卵的，所以我找到的这些卵，应该只是它所产下的卵的其中一部分而已。很多时候，蚂蚁会趁绿蝇母亲产卵时实行抢劫，但绿蝇并不在乎，也不会对蚂蚁加以驱赶，因为它的繁殖能力是如此强大，蚂蚁的抢劫并不会影响整体的产卵数量，存活下来的卵足以保证绿蝇家族的延续。

在作坊的罐子里，有一条游蛇，它盘曲着身体，那一圈圈的缝隙便成了产卵的最佳去处，因为这里的窄缝可以躲避烈日。前来产卵的苍蝇互相紧靠着，拼命把腹部及输卵管往更深的地方塞。产卵的过程时而会有中断，因为产妇中途需要适当的休息，但是速度还是可以保证的。三四个小时后，这个产卵地就密密麻麻地布满了卵。我用纸做的小铲子采集了一些白色的卵，把它们放在玻璃管里，然后补充一些必要的食物。卵的形状呈圆柱形，二十四个小时之内就可以孵化。我知道绿蝇的幼虫蛆虫吃什么，但我很好奇它们究竟用什么方式进食。之所以有这样的疑问，是因为绿蝇进食的器官实在很奇特。

蛆虫的身体构造大致为长锥形，具体说来就是头部很尖，头部以下较宽，尾部为截面状。它的尾部有棕红色的点，这是气孔。头部其实是它的肠道入口，里面有两个黑色的口针，可以伸缩，但是我们不能把它们理解成大颚，因为两者作用不同，大颚是上下对生，而这两个口针是平行的，永远不能碰到一起。

把口针理解成咀嚼器官其实有失偏颇，它真正的作用是用来支撑蛆虫的身体，而且口针反复的伸缩能够使蛆虫产生行走的动力。把蛆虫放在一块肉上面观察，就会发现蛆虫移动的细节，它时而低头，时而抬头，还不停地用口针去碰触一下肉。它在这块肉上面不停地移动，但是，我从未见过它吞吃食物的场景。

蛆虫在一天一天地成长，而我却没有发现它消费食物的过程。如果没有吃固体的食物，那么它就是消费了液体，或者把固体的东西液化了？

为了研究蛆虫消费食物的过程，我将一块经过处理的干燥的肉放在试管里，然后把从游蛇身上收集来的卵放在这块肉上面，另外还准备了同样大小和质地的一块肉，但是没有放卵，以此作为对比。

卵孵化以后，试验的结果非常惊人。有蛆虫的这块肉变得非常湿润，而且蛆虫经过的试管壁上都留下了很重的水汽，而另一个试管的肉仍然是干燥的。随着蛆虫的运动，试管里的肉一点点融化了，最后完全变成了液体。蛆虫与肉接触，使肉的质地产生了化学反应，类似胃液的作用。

在对熟蛋白的研究中，我得到了更为有力的证据。熟蛋白在经过绿蝇蛆虫作用后变成了无色的液体，因为不够黏稠，以至于蛆虫被这些液体淹死。作为参照，我在另一个试管里放进熟蛋白但是不放蛆虫，结果熟蛋白越放越硬。试验最终推广到谷蛋白、血纤维蛋白、酪蛋白等，结果都发生了同样的变化。

蛆虫无法食用固体食物，对蛆虫而言，食物必须变为液体才能食用。流质的食物是其生存的保障，我们可以把蛆虫的进食过程称之为喝汤。蛆虫利用口针来分解食物使其变为液体，口针不断排出微量的溶液，这些溶液的主要成分是蛋白酶，也就是说蛆虫在进食时，不是先吃进去再消化，而是先进行初步的消化，然后再喝进去。

还有一个极为简单却能说明问题的例子，也可以说明蛆虫先消化后进食的现象。首先我将鼹鼠、游蛇或者其他什么死尸放在露天的沙罐子里，为了防止其他分解者来侵袭，刻意在上面套上一个纱罩。时间一长，死尸会被烈日暴晒成干尸、硬尸，会渗出液体，但是会被干燥空气和热气迅速蒸发掉。但是如果去掉纱罩，让分解者随意进入的话，就会看见另外一种情形，尸体会出现发臭的液体，而且沙土也会变湿，这就是液化的开始。

蛆虫看上去是一种不起眼的存在，但是它的作用却不可忽视，它将死尸的残体进行最大限度的分解，成就了亡灵，存活了自身，最终使死去的生命归入大地，提供了植物生长的沃土。

破土而生的麻蝇

与绿蝇一样，麻蝇也以死尸为主要猎食对象，当然它也有将肉进行液化的能力。麻蝇身体比绿蝇稍大，体色大部分为炭灰色，背部的颜色为褐色，腹部有银光点。血红的眼睛似乎和它分解者的工作极为切合。也有人把麻蝇叫食肉蝇或者肉灰蝇，但是麻蝇却不是经常光顾人类家庭的死尸分解者，那些在我们没有看管好的肉上产卵的罪魁祸首是反吐丽蝇。

绿蝇是户外运动者，从不会到我们家里来觅食。麻蝇却比较胆大，如果在外面没有觅到食物，它们就会来到住宅里进行活动，一旦得逞，它们会迅速逃之夭夭。

麻蝇的最爱当然是死尸，毛皮动物、禽鸟、爬行动物、鱼类都是它的猎食对象。在我的空中作坊里，麻蝇的出勤率很高，它会经常来沙罐看游蛇是否已经烂熟。但是我不打算在喧闹的环境里进行我的研究和观察。为了更详实地观察麻蝇，我在窗台上放了一块肉。

食尸麻蝇会突然造访，刚开始看起来有些害怕，但很快就会平静下来。它工作起来效率很高，只见它将腹部末端对准肉，嚓嚓两下，就完成了此次任务。蛆虫就这样产生了，它们落在肉上，迅速地消失不见。我很诧异，它们难道一出生就会投入到劳动中吗？细心观察，我发现麻蝇蛆虫就藏在肉的褶皱里，它们已经在行动了，数量大约有十二只。

绿蝇的卵产下来之后，至少需要二十四小时才会孵化，可是麻蝇根本不愿意花费这段时间，它们产下来的不是卵，而是蛆虫。对于负责殡葬的它们来讲，时间是弥足珍贵的。麻蝇家族直接略去了卵的孵化这一环节，从降生开始，它们就是一群独立的劳动者了。

接下来让我们走进麻蝇蛆虫的世界吧。它和绿蝇蛆虫最大的区别就是，它的体型较大，而且尾部呈平切形，并有一个很深的槽状构造，在槽的底部有它的呼吸系统，也就是气门。在气门的边缘有数条放射线状的月牙纹理，蛆虫利用月牙纹理的收缩和放松来使气门关闭和打开，这样能起到保护作用，使得一些黏状物质无法阻塞气门。当蛆虫被液体淹没时，气门就会关闭，这样就不会让任何液体进去。

浮出水面的蛆虫，首先露出来的是它的尾巴，当尾部完全离开水面时，气门又会重新打开。为了不至于在工作的时候被淹死，这些蛆虫会采取极为严密而且有效的防护手段。让我们回顾一下绿蝇蛆虫通过熟蛋白养活自己的事情吧。虽然食物是合口味的，但是在化学液体的作用下，这些食物会慢慢地变得很稀，以至于把幼虫也淹死在液体里。而麻蝇蛆虫则拥有天然的避险优势，这使得它们没有在液体中被淹死的可能。

麻蝇的幼虫长到足够大的时候，就要钻进土里，在土里结蛹，破茧之后再破土飞出来。它们的成长过程之所以一定要在地下完成，一方面是为了得到变态时所需的安静环境，另一方面也是为了避光。麻蝇的蛆虫长期生活在阴暗潮湿的地方，它们以分解死尸为生，逃避光线是顺理成章的事情。实际上，在我的实验室里，所有的麻蝇蛆虫都对光线十分敏感，它们总是自觉地从光线强的地方逃开。

蛆虫会选择土质相对疏松的地方往下钻，通常钻的深度不会超过十厘米，因为成虫纤细柔弱的翅膀，很难突破比这更深的土壤。在相对合适的土层深度里，它们找到了安乐园和栖息地，因为这里足够黑暗、足够安全。

对麻蝇而言，破土是一件浩瀚复杂的工程，要克服种种困难才能实现。蛆虫在往下钻的时候依靠的是它的口针，而成虫后，它却没有任何可以依靠的工具。那么成虫是怎样破土的呢？通过观察试管里麻蝇破土的方法，我们可以推断出其他蝇类是如何破土的。

成虫很柔弱，但柔弱并不代表无力。即将羽化的麻蝇两眼之间有个鼓鼓的包，正是这个鼓包使得它的头部迅速增大两三倍，而且这个鼓包会不断地搏动，交替着充血和消退，这股能量能使蛹壳破裂。

头部首先钻了出来，这时的成虫身体似乎是不动的，只有它头部的鼓包一直在运动。在破壳之后，它的鼓包还是没有瘪下来。这个鼓包对麻蝇来说，其实是一个储物袋，它们为了脱掉蛹壳外衣，会尽力减少身体的体积，在羽化的过程中它会把大量的血送到鼓包里，这就是它们头部鼓胀的原因所在，当然整个过程极为艰难和耗时。

脱壳而出后，麻蝇发育不完整的翅膀差一点就够不着腹部，这时的翅膀是柔弱的，外侧有一条深深的曲线，这条曲线减小了翅膀的面积和长度，这样成虫穿过泥土时，外力对麻蝇幼小翅膀的摩擦就会减轻。

循环往复地使用它头部的鼓包，是它们摆脱泥土的主要方法。鼓包一鼓一瘪时，会顶起沙土往下滑，当然这个过程需要它的腿做辅助。头部运动后，泥土自然会滑到脚下，这时它需要做的就是尽量把腿绷紧，踩住脚下的泥土以使自己的身体往上前进一步。当然破土过程的长短还取决于沙土是否干燥，是否易流动。如果遇见较干燥和流动性好的沙土地，那么整个破土的过程会容易很多，大概用一刻钟就能完成破土的目标。

破土后的麻蝇满身都是沙子和泥土，它们会立即抖掉身上的沙土，最后一次鼓起前额，用前足的跗节将鼓包刷干净。在关闭这个特殊的装置以前，它必须确认里面是没有杂物的。关闭以后，它的额头就会永不开裂。这时候它们也长大了，翅膀外的缺口没有了，翅膀大了也硬了，这时候它们会站在沙土上面一动不动，这是成年后的麻蝇第一次真正享受自由的快乐，它们开始去找寻它们最爱的食物，与同伴相见，从此不再孤独。

第八章

蝉和蚂蚁的寓言

　　蝉和蚂蚁的故事可能很多人在小时候就听过了。故事是这样讲的，整个夏天，蝉都在树上高声歌唱，当看到小蚂蚁们成群结队地往洞里搬运食物的时候，它觉得这一切很可笑，还问蚂蚁："现在正值夏季，有这么多可口的食物，为什么要这么着急储藏食物呢？而且现在天气这么炎热，在这种天气里劳作是一件多么痛苦的事啊。"蚂蚁诚恳地告诉蝉："夏天很快就会过去了，如果不抓紧储存食物，秋天到了的时候，就没有这么多的食物供我们储藏了，那么到了冬天，我们就必须挨饿，甚至饿死。"蝉听了不以为然，它觉得蚂蚁的担心是多余的，于是继续在树上高声歌唱。

　　很快夏天过去了，万物萧瑟的秋天到来了，蝉每天都忙着找吃的，却没有办法填饱自己的肚子，更不要说储备食物了。到了冬天，蝉忍冻挨饿，终于有一天，它受不了，来到了蚂蚁家，祈求蚂蚁施舍给

它一点食物，可是蚂蚁却说："过去在我们辛勤劳动的时候你在唱歌，现在你可以去跳舞呀！"

这段寓言在很多人的童年里都留下过很深的印象，大家由此深深地记住了一点：蝉是懒惰的家伙，我们不能向它学习，否则不会有好的结果。蝉的声望就这么被破坏了。它是冬天就会被饿死的可怜虫，是向蚂蚁乞讨的小乞丐，偶尔还要靠偷食我们的麦粒来维持生命。蝉在人们眼中算得上是毫无优点了。

然而真正的情况却是，冬天的时候根本就没有蝉，就像我们也不会在夏天看见雪一样。蝉也不会去偷吃我们遗落在庭院里的米粒，因为吃这样的食物会毁了它柔弱的吸管；它们更不会去向小蚂蚁乞讨。

现在我做的一切是想为这个可怜的小家伙平反，还它一个清白。首先我可以肯定的是，它们并不是懒惰的家伙。这里的七月热得让人无法忍受，在酷热的天气里，昆虫们也失去了往日的活力。可是蝉却丝毫都不害怕炎热，它就那样轻松地停在树干上，用自己坚硬得像电钻一样的小喙在树皮上扎一个小洞。看起来十分坚硬的树皮下面其实充满了汁液，这汁液对于蝉来说无异于甘醇的佳酿，它们畅快地饮用着，高声地歌唱着，仿佛自己跟这个炎热的夏天没有一点关系。

很快，蝉在树枝上钻取出来的汁液吸引了很多其他昆虫的注意力，蜜蜂、苍蝇、花金龟等蜂拥而至，当然来得最多的就是在寓言最后大肆嘲笑蝉的蚂蚁大军。刚才还静悄悄的世界一下子喧闹起来，

那些小蚂蚁起初不敢太靠近，它们只是围绕着蝉，小心翼翼地喝一点。蝉倒是很大方，自觉地抬起自己的足，让这些小东西可以喝个畅快。这一举动似乎给了蚂蚁们莫大的鼓舞，它们大肆向前，变成了一群得寸进尺的掠夺者。胆子大一点的竟然开始啃咬蝉的足。还有的蚂蚁爬到蝉的头上，抓住蝉的喙，使劲向后扳，它们一定以为，把蝉的喙拔出来以后，井里的甘泉就会喷薄而出。蝉被这群无耻的争夺者弄得失去了耐心，最终决定放弃这口井，当然，临走之前它还教训了它们一下——在它们的头顶撒了一泡尿。

看到这里，我想我可以为蝉平反了。我要否定的不是它们高声歌唱这件事情，而是它们去向蚂蚁乞讨这件事情。古老的故事从某种程度上来说是很荒谬的，蝉和蚂蚁在很多时候是没有交集的，即便是有，也不像寓言中说的那样，蝉以一个卑微的姿态去向蚂蚁乞讨。事实正好完全相反，可怜巴巴去祈求食物的蝉其实是自食其力的开拓者，而趾高气扬嘲笑蝉的蚂蚁其实是不知廉耻的掠夺者。

整个夏季，蝉从自己的硬壳中奋力挣脱出来以后，只能有五六个星期的欢闹时间，时间一过，它的生命就会画上句号。它会从树上掉下来，很快就会在太阳下化作一副干尸，此时来分解它们尸体的就是之前那群掠夺者——蚂蚁。

大嗓门的歌唱家

蝉的发声器官紧紧地贴在蝉的后腿上，在它的后胸部位，发声器官像两片半圆形的锅盖一样，很宽。所以，我们叫它音盖或者顶盖，如果尝试着把这个器官打开来，就会看到一个巨大的音腔。音腔的前面有一层质地柔软细腻的膜，呈黄色的乳状，而后面又是一层很薄的虹色的膜，像干燥的肥皂泡一样。

这些可以看得见的器官就是很多人印象中的蝉的发声器，可是如果你能忍心做下面这个实验的话，就会发现这个想法是错的。我不得不当一次坏人，因为我急切地想知道蝉为什么能那么大嗓门地唱歌。我剪掉音盖，把薄膜撕破，甚至把音腔打碎。我以为在我做出如此残忍的举动后，蝉就无法一展歌喉了。结果却让我大吃一惊：它还会唱歌，只是音量变小了。由此我推断，人们所认为的发声器官并不是蝉真正的发音工具，它至多是蝉用来增强音效的辅助器官。

蝉真正的发声器官其实在它的音腔外侧。音腔跟腹背交接的地方有一个包着角质外壳、像纽扣一样大小的孔，音盖就罩在它的上面。我叫它音窗，它通向另外一个比音腔要大得多的空腔。这个空腔的外壁是一个很难让人忽略的地方，因为在一片闪着银色光泽的绒毛中，只有这里黑得几乎失去了光泽，而且像一个小丘陵一样微微隆起，整个呈椭圆形。

另外一个重要的发声器官是音钹：向外突起的椭圆形薄膜，呈白色，上面还穿插着三四根褐色的脉络，这样一来，这里的弹性就更加出色。整个音钹固定在周围坚硬的框架上。当脉络受到拉伸的时候，自然会带动整个音钹向中间凹陷，但是坚固的框架让脉络无能为力，最终还是要弹回来，这样，音钹又迅速地回复到凸起的状态，清脆的声音就这样产生了。

那么，音钹依靠什么来调节发音器官的凹凸呢？先说蝉的音腔。一片黄色的乳状薄膜挡在音腔的前面，把它撕破后，两根粗粗的肌肉柱子会显露出来。这两根肌肉柱就像人拨弄钢片的手指一样，连接起来，成一个 V 字形。V 字形的顶点部分在蝉腹背的中线上，而 V 字形两端的端口上，有点像被刀生生截断了一样，在横截面上，又长出一根细细短短的系带，这样一共两根系带对应着跟两侧的音钹相连。

　　这样就真相大白了。系带相当于人们拨弄钢片的手指，音钹就相当于玩具中的钢片，而玩具的底座，就是蝉身上坚固的框架。靠着肌肉柱一张一弛的伸缩，音钹就可以不停地做凹凸的变化，清脆的声音就这样回荡在它的音腔里。也就是说，只要肌肉柱能够伸缩，蝉就能发出叫声。

　　之前我把蝉的整个发声系统都破坏了，它还是可以歌唱，原因就在于，我只是破坏了它发声的辅助器官。蝉的音盖是一个很结实的外壳，本身不会伸缩，但是却撑起了它的腹腔，使得腹腔可以做出伸缩。当蝉的肚子鼓起来时，里面音腔的天窗打开，这样一来整个共鸣腔就会骤然变大，声音自然也会变得响亮无比。如果拉扯音钹的肌肉柱也同时开始运动，那么整个声音的音域也会顿时变宽，就像是很快地拨动琴弓所发出的声音一样。但是如果蝉的肚子瘪下去的话，那此时的声音就会变得低沉、沙哑，毫无气势可言。

　　因为支撑音钹的肌肉柱不能永远保持一种状态，所以蝉会突然开始叫起来，声音洪亮，然后腹部快速地收缩，声音也随着这一阵猛烈的收缩而到达最高的音量。顶峰过后的声音急转直下，腹部慢慢瘪了下去，声音也开始变得低沉沙哑。腹部在进行了几秒钟的休息后，又攒足了力量，紧接着，一段由低到高的歌唱又开始了。

　　蝉不在乎自己每次的歌声都是一样的，整个夏天它都不知疲倦地高声唱着同一首歌。当然它们的这种兴致只有在阳光明媚的好天气下才会有，阴天或是吹着冷风的天气，它们就完全没有唱歌的心情。炎热的天气会让它们兴奋，从早上七八点太阳还没有完全发挥自己的威力开始，它们每时每刻都不会停止歌唱。

　　为什么蝉们几乎整个夏天都在不停地叫？很多人可能会毫不犹豫地回答，这是雄性蝉吸引雌性蝉注意力的方式。如果我没有深入地去观察它们，也许我也会这样认为，但是我家门前的两棵法国梧桐每年都招来各式各样的蝉，十五年来不曾间断，这使得我有机会近距离地对蝉进行一番深入的了解。

　　观察过一段时间后，我意识到，其实，蝉高声鸣叫不单单是为了吸引雌性

的注意力，如果真的只是为了吸引雌性的注意力，那么找到雌性的雄性就完全没有必要再鸣叫了。可实际情况不是这样。所有的蝉成群结队地把自己的喙钉在树皮里吸取甘甜的汁液，它们喜欢炎热的太阳，总是跟着太阳的旋转变换进食的位置，让自己尽可能地暴露在阳光下。每过一小会儿，就换一个地方继续畅饮。就算在畅饮的过程中，它们也不会停止高歌。

我还发现了一个有趣的现象，那就是很多雄性蝉的身边其实早已有了雌蝉的陪伴，这就与高声歌唱是为了吸引异性这个道理相违背了——它们此刻应该静悄悄地吸吮着甘露才对呀，可它们还是高声地歌唱着。所以为吸引异性注意而高声放歌的理由显然是不妥当的，至少是片面的。

我还有另一个证据，那就是蝉的听觉非常迟钝。这个证据是经过试验证实的，正确性绝对可以保证。那次我从镇上弄来两个大炮，并在里面装上了鸣放礼炮用的火药。然后让我的几个昆虫爱好者朋友们在窗台前做好记录：放炮前这些歌唱家们都以什么样的阵形在歌唱，数量是多少。然后我毅然点燃了大炮，"轰隆"一声巨响过后，我本以为树上什么都没有了，可烟雾散去后，我甚至对眼前的景象有点不敢相信。蝉儿们还在悠然自得地畅饮着，阵形没有变化，数量也没有变化，仿佛刚刚什么事情都没有发生过。

虽然听觉不敏感，蝉的视觉系统却敏锐得叫人佩服。眼中较大的复眼和三只钻石般的单眼能让它们清楚地看到自己的周围是否有危险逼近，一旦有人接近或是有其他天敌靠近，蝉会立即停止歌唱、飞离树枝逃命。

这些视力超群的聋子只对看得见的危险采取行动，所以只要没有人打扰它们，再大的声音也不会惊吓到它们。从这个角度来讲，蝉的歌唱是为了吸引异性这一猜测也并不科学。

通常情况下，昆虫并不需要嘹亮的告白、无休无止的倾诉，来表白爱情，它们在靠近异性时，往往会比以往更沉默。所以，我们不妨把蝉的高声歌唱当作它们对美好生活的一种欢愉的表达，其中并未给予太多具体的意义，歌唱只是它生命中的一部分，就像人类活着就得劳作、吃饭一样。

气象播报员：松毛虫

一月对松毛虫来说是一个重要的月份——它们迎来了第二次蜕皮的时机。这又是一次生命的升华，只要天气允许，松毛虫们就会不分昼夜地停留在居所的圆形平台上，你堆我挤、相互依靠着迎接蜕变的时刻。经过这次蜕皮，松毛虫会换上一件新的外套，与之前那套华丽的服装相比，这一件显得朴素暗淡。它背部中央的毛是暗橙黄色，其中还混杂着很多的白色长毛。

松毛虫在这件颜色灰暗的服装上，添加了一些十分奇怪的器官——一条宽大的细长缺口在松毛虫的八个体节上横切而过，像是被手术刀划开的切口。这个切口按照它主人的指令，时而全开或半开，时而完全闭合。松毛虫的内脏穿过切口，从中隆起一个驼背形的局部鼓泡。

观察这个局部鼓泡是一件有趣的事情，因为它十分敏感，哪怕一丁点儿的刺激都会使它反应激烈。我用一根稻草秸轻轻地触碰它，它会立即缩回，躲藏在黑色的表皮下面，形成一个深深的卵形缺口，像是两片嘴唇。

当一切平静下来之后，狭长的嘴唇又重新打开，半张着，敏感的突起再次出现。不过，一旦再有刺激出现，它又会很快躲避到表皮下面。我对松毛虫的这个特殊器官十分感兴趣，用许多不同的方法来刺激它迅速地交替开启与闭合。一阵轻微的烟草味，能够将它引诱出来：气孔半开着，露出细腻的乳突；如果烟味太浓太呛，松毛虫就会扭曲身体、关闭器官。

松毛虫在自己的背上划开这么多的狭长切口，到底是做什么用的呢？有人说这些切口是松毛虫的呼吸孔，即气门。对于这种说法，我不敢苟同。首先，没有任何昆虫在自己的背上劈开缺口用来换气；而且，我用放大镜仔细地观察过，并没有发现任何阀门将狭长切口与内部器官连通起来。呼吸并不是这些切口存在的意义。

观察告诉我们，这些根据松毛虫的指令在切口中进进出出的局部鼓泡是松毛虫的感觉器官。鼓泡出现，是为了探寻信息、了解情况；鼓泡消失，隐藏在黑色的表皮下面，是为了保存灵敏的感觉能力。那么，松毛虫是在收集什么信息呢？如果我们不从松毛虫的日常生活习惯着手，恐怕很难找到答案。

松毛虫可以算是昆虫界的特立独行者，它在寒冷的冬季最为活跃。在严寒的季节里，别的昆虫都在睡觉，昏昏沉沉、迟钝麻木。可松毛虫却如火如荼地劳动着。这些在寒冬忙碌的纺织工们要外出工作，对天气也是有一定要求的，超过承受限度的恶劣天气，对在严寒和黑夜中劳作的松毛虫来说十分可怕。如果在狂风怒号的天气出行，松毛虫就有可能被猛烈的北风刮走而丧命；在雨雪骤降、霜冻威逼时，松毛虫也必须躲在家里。冬季的天气总是令人捉摸不定，要想在这些恶劣的天气中安然度过冬天，就要时时刻刻谨慎小心。如果能预见到恶劣天气的发生该多好啊！我猜想，或许松毛虫身上的确装备着某种能够刺探天气秘密的特殊器官。

为了弄清气候与松毛虫之间的关系，我开始了密切的观察。我建了一个松毛虫气象台，虽然贫困的生活使我的气象台连一只气压计都没有，不过我还有血液里激动的热情。我严密观察暖房里和荒石园中的松毛虫，将它们隐居、行动和外出的情况记录下来；同时，也将观察时的天气状况和《时报》的气象图添加在笔记本中。

我有必要先介绍一下松毛虫气象台的组成。它有两个台站，一个在暖房里，另一个在荒石园的松树上。在严寒的冬天，能够不承受雨雪就获得持续而规律的材料，是一件幸福的事情，因而暖房中的台站更让我喜爱；不过，露天松树上的台站也必不可少，它使我的记录更加翔实。

先来看看暖房中的松毛虫告诉了我们什么。这些观察对象不用担心雨雪和霜冻，因而细小的天气变化不会引起它们的注意，它们只关心大气环境的高级变化。十二月十三日的晚上，它们拒绝出门，虽然夜里和第二天早上都是雨雪天气，但是这威胁不到安然居住在暖房中的松毛虫；想必是因为大气环境发生了异常重大的变化。

的确，《时报》的气象图证实了我们的推测。十三日，我们所在的地区处于强大的低气压之下，英伦三岛出现了之前从未有过的气温骤降现象，并在十三日到达我们地区，一直持续到二十二日。这段时间，暖房中的松毛虫收到气压急剧下降的威慑，隐居在丝屋里不肯出来。直到感觉安全一些，它们才会出来啃食松针和进行纺织。不过，一旦天气恶劣程度加剧，它们就又会躲进虫窝里。

荒石园松树上的松毛虫则一次也没有外出。它们没有暖房的保护，只能依靠自己的小小丝屋。就算这段低气压控制的天气更多的时候是晴天，它们也谨慎地待在家中，不肯外出，不肯冒一丝风险。

现在几乎可以肯定，松毛虫的行动和气压的变化是相互关联的。当气压下降时，松毛虫就隐居家中，绝不外出；当气压上升时，松毛虫就出去活动。

还有一个例子使我们更加确定这个结论。根据《时报》的气象图，我们得知一个中心位于圣吉内尔群岛附近的低气压正向我们地区扩展，一月十九日到达，到时将会有猛烈的北风和严重的冰冻。冰封霜冻的寒冷天气持续了五天。这五天里，露天松树上的松毛虫一直没有外出。而摆脱了狂风和严寒危险的暖房中的松毛虫，也都缩在虫窝里。二十五日，恶劣的天气终于过去，接下来的一个多月，大部分都是好天气，不论是荒石园中的松毛虫还是暖房中的松毛虫，都兴高采烈地外出用餐、纺织。

二月二十三日和二十四日，荒石园中的松毛虫突然又停止外出了。暖房中的松枝上，也只有寥寥可数的几条胆大的松毛虫。之前的几天它们还在松针上面熙熙攘攘的呢。根据之前的经验，我判断最近几天将有强低气压降临我们地区。

果然不出所料，两天以后，《时报》再次证实了松毛虫气象台的预报。公报上说：二十二日一股强大的低气压从比斯开湾南下，二十三日抵达阿尔及利亚，二十四日延伸至普罗旺斯海岸，二十五日马赛大雪纷飞。想必两个气象台站的松毛虫在前两天的晚上就都已经预见到了这次狂风暴雪的降临，所以才隐居窝中。

以上的观察帮助我们得到了准确的答案：松毛虫对大气的变化十分敏感，能够预见危险的暴风雨和气温骤降情况。这种在严寒冬季预报恶劣天气的天赋，使松毛虫在能够预感天气变化的昆虫中名列前茅。

乡野的人非常懂得利用动物气象员取得天气预报，这些报告与我们用精密的测量仪器所得出的结论一样丝毫无差。雄鸡登高鸣叫，预示着晴美的天气就快来到；燕子贴着地面低空飞行，是在告诉人们就要下雨了；鱼儿游到水面吐泡泡，蚂蚁成群结队地向高处搬家，这也都是大雨即将来临的征兆；蜘蛛忙碌地进行织网工作，预示着雨后将要转晴；母鸡单足而立，把头缩进脖子，是因为预感到严重的冰冻即将到来；青蛙被赞为"活晴雨表"，这种水陆两栖的变温动物，对天气的变化非常敏感，暴风雨将要来临时，青蛙就毫无规律地大声乱叫，好像在喊："要下雨啦！快回家吧！"……这种乡村气象学堪与学者的气象学相媲美，是上百年来乡野人所沉淀下来的宝贵经验。

其实，我们人类自己又何尝不是有生命的气压计呢？天要下雨的时候，气压降低，空气潮湿，身上的旧伤会用疼痛通知我们天气的变化。没有伤的人，也许会失眠，也许会做噩梦。我们每个人都用自己独特的方法，预测着变化莫测的天气。

在所有能够预知天气的生命体中，昆虫可以说是最为敏感的气象仪器，所有昆虫都不同程度地具有一种易感性，它们的这种易感性不需要任何明确器官就能发挥作用。有几种昆虫，它们的生活方式使它们预知天气变化的才能更为突出，它们可能拥有特殊的器官用来观测气象变化。

想必松毛虫就属于这种昆虫。严寒的一月，它们褪去旧衣，换上第二套服装。此时，它们与其他昆虫相比，似乎更具易感性。要在变幻莫测的天气中，选择合适的时间外出用餐和纺织，它就在自己的背上割开了许多细长的切口。这些孔半开着，有局部鼓泡从中隆起，随时注意着天气的变化。

豌豆象产卵

昆虫们不用在田间劳作就可以获得大自然给予它们的恩赐。它们在人类生产出来的粮食仓库中安营扎寨，用灵活尖利的嘴一粒粒地啄食粮食，最终把我们辛苦耕作出来的粮食啄成糠。豌豆象无法了解田间耕作的艰辛与劳苦，然而在作物丰收的时刻它却能够获得丰收物的一小份。大自然让豌豆荚成熟起来，这不仅是为了在田地里辛苦耕耘的人类，同时也是为了豌豆象。不同的是，我们的皮肤被太阳炙烤成了黑红色，腰背累到直不起来，而豌豆象却安然无恙。

豌豆象从哪里来？这个问题得不到一个准确无误的答案，我们只能说它是从隐蔽的场所里飞出来的。在严寒肆意横行的冬日里，豌豆象躲藏在枯树皮下面，以冻僵的状态度过寒冷的天气。等到春暖花开的季节，第一缕温暖的阳光洒在树上时，豌豆象就会从麻木的状态苏醒过来。它们从四面八方哼着小曲欢快地飞到园丁劳作的地方，享受豌豆花带给它们的快乐。

豌豆花有着白色的花边，像蝴蝶的翅膀一样美丽。豌豆象们就选择在这样美好的住所里繁殖后代。在产卵时刻到来之前，豌豆象们纷纷开始占领花瓣。

有些豌豆象选择花最顶端的旗瓣作为自己的住所，有些则将自己的房子安置在两侧的龙骨瓣的小盒子中，另一些则在搜寻花序，将它们占为己有。

　　婚配的时刻选择在上午进行，因为这个时候的阳光虽然强烈却没有让人腻烦的感觉。一队队的豌豆象时而分开，时而又重新组合在一起，好不快乐。等到正午到来后，豌豆象们便藏匿在已经寻找好的豌豆花住所里，躲避强烈阳光的炙烤。待明日以及日后更多的上午时光，再度享受欢乐。这样的欢快日子将一直持续到豌豆花的龙骨瓣的小盒子被鼓胀起来的豌豆果实弄破之时。

　　豌豆象是繁殖力超强的家族，在产卵的适当时节还没有到来之时，就有一些豌豆象产下了卵。这些心急火燎的豌豆象们把卵产在了稚嫩的豆荚里。豌豆象的幼虫一旦出生就必须有便利的食物供给，否则很快就会死去。稚嫩的豆荚显然不能给早产儿们提供充足的食物，所以，急忙产下的卵成活的希望非常渺小。不过，虽然大部分卵都逃脱不了死亡的命运，但豌豆象的多产使得这个家族依旧热热闹闹。五月末的时候，豌豆象母亲的主要任务完成，此时豌豆荚也差不多成熟了，它们在籽粒的催化下变得多节。

　　昆虫分类学家把豌豆象归到了象虫的科目，但是它们却只有一只短喙。虽然这只短喙能够用来收获甜食，而且十分灵巧，但是却不能作为钻孔工具来使用。

　　上午的阳光温暖和煦，在差不多十点左右的时候，豌豆象母亲迈着混乱的步伐上上下下地行走着，从豌豆荚的一面转移到另一面。这位母亲在行走的过程中把自己的一根输卵管展露在我们眼前，这根输卵管不是很粗，来回地摆动着，好像想要把豌豆荚的表皮割破似的。输卵管在豌豆荚的绿色表皮上东一点、西一点地产下卵。些卵被产在豌豆种子已经膨胀起来的豆荚上，也有很多卵被产在了豆荚隔膜里面，这些豆荚就像贫瘠的小山谷一般。正因为卵被产下的位置不同，有的卵离有粮食的地方很近，而另一些则离得很远。

卵一被产下，豌豆象母亲就会对它们弃之不管。这位母亲让自己的卵在空气里暴露着，没有一点遮蔽措施。这种产卵方式简单而粗暴，卵不能受到保护，生存条件极其恶劣。

除了产卵的杂乱和对幼虫的不闻不问之外，豌豆象母亲的产卵还有一件更要命的事情，那就是豌豆荚内的虫卵数量与豌豆荚的籽粒数不成正比。豌豆象幼虫所必需的食物供给比例是一条幼虫配有一粒豌豆，这是豌豆象存活的规律，不可改变。豌豆象母亲显然没有意识到繁殖数目必须根据豌豆荚果实的数量而定这个道理，它们毫无规划地把卵产下，导致众多幼虫为了一颗果实而你争我抢。

通过观察，我发现每粒种子起码对应着五到八只觊觎的幼虫。无论那颗豌豆看上去有多么的平扁，里面所养的卵的数目总是非常多，而且没有任何迹象表明这样的产卵方式会因为豆荚的缺乏而终止。那些没有抢到籽粒的卵最终只能在饥饿中走向死亡。

豌豆象的卵呈圆柱体，色泽黄润，鲜艳逼人。卵的长度不超过一毫米，两端是圆形，看起来非常光滑。每只豌豆象卵都用凝固生蛋白的细纤维网将自己的身体粘在固定的豆荚上面，这种黏附方式能够有效地防止风雨的吹打与侵袭。

一根带着白色的小带子是孵化出新幼虫的标记，这根小带子在卵壳的附近翘起，并且将豆荚的表皮弄破，为的是让幼虫能够钻到豌豆荚下面。

我用放大镜观察幼虫活动的过程，探寻它们的豌豆球世界。幼虫选择最近的一颗豌豆籽粒住下来，并且在这颗籽粒上面垂直地挖一个坑。小坑挖好后幼虫就将自己身体的一半下到豌豆籽粒中去。除了豌豆籽粒的下半部分，豌豆象

幼虫在籽粒的任何一个部位都可以钻出
口子。虽然进口很小，但是由于豌豆
是淡绿色或是金黄色，而豌豆象
是褐色的，色泽的差异使得它
们很容易就能够被分辨出来。
幼虫靠露在坑外面的那部分
身体推动自己往下钻，只用
了很少的时间，它就消失不
见了，完全钻进了自己挖好
的居所之中。

　　由于豌豆籽粒的胚胎位于
下半部分，所以它的生长不会受到
幼虫在上方钻洞的阻碍。当然，豌
豆象并不是因为口下留情而不吃那能
够导致种子灭绝的部分，而是因为豌豆
在生长的过程中一粒紧挨着另一粒，这种紧
密相连的排列方式使得豌豆象幼虫不能够随意地在豌豆
上面行走，所以幼虫的钻孔活动都选择在豌豆的上面进行。

　　但是在另一种情况下豌豆还是会被豌豆象所破坏，这种情况同豌豆的大小
直接相关。假如豌豆的体积非常小，供给豌豆象幼虫的食物过少，幼虫就不得
不将整粒豌豆啃个精光，这种情况下的豌豆将遭受灭顶之灾。而体积大的豌豆
虽然里面住着很多幼虫，但由于其他种子的分担，还是会正常地生长。

　　可以确定的是，当一只豌豆象幼虫抢占到一颗豌豆之后，这颗豌豆就成为
这只幼虫的私有财产，不允许其他幼虫侵犯。豌豆荚里面所有的豌豆上都会有
一只豌豆象幼虫将其占领。但是我在思考的是，由于豌豆象虫卵过多的数量而
导致豌豆并不够所有的虫卵使用。那么当一些幼虫占据了自己的豌豆之后，那

些没有占领到豌豆的幼虫又该如何是
好呢？它们会因为没有抢到领地而死
去吗，还是会继续与已经拥有了豌豆
的幼虫展开斗争，最终死于对手的牙
齿之下？

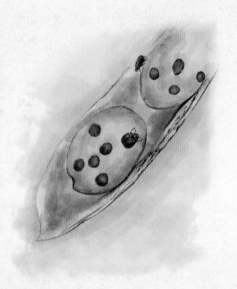

我将那些确定住着豌豆象幼虫的
豌豆剥开来放在玻璃试管内观察。每
只豌豆象幼虫都拥有自己独立的小房
间，它们啃食着自己周边的食物。但
是一颗豌豆的数量是固定的，到最后
这颗豌豆总是会被吞噬殆尽。那个时
候就是饥饿来临的时刻，只会有一只
幼虫存活下来，而剩下的全部都会在饥饿中死亡。

豌豆象幼虫在向巢穴行进时的路程非常艰辛，每只幼虫都有着同样的
权利与意图，它们都朝着前方可口的食物进军。在未到达最佳位置之前，
它们也会停下来啃食东西，但是这种进食并不是为了增强体力，而是为了
开发前行的道路。这些幼虫用自己的牙齿咬噬出一条能够继续前进的小道。
然而最终只有一只幼虫能够占据豌豆中心的位置，从而能够获得类似乳制
品的营养食物。它在占据了中心位置之后便停下来开始享用美食，而其他
的豌豆象幼虫则停止了前行。

我对于其余豌豆象幼虫这种不再前行的行为非常敬佩，它们单纯、听信天
意的举动让我欢喜。但是它们是如何得知豌豆中心部位已经被另外一只幼虫占
领了呢？难道它们在一定的距离之外能够听到或者感觉到位于中心位置的幼虫
因啃食而产生的震动吗？抑或是它们能够听到那只幼虫用自己的大颚敲打隔间
的内壁？我想它们应该是知道了什么，因为从那一刻起其余的幼虫便停止了活
动。等待它们的只有死亡。

椿象的美感

与优雅的鸟卵相比，昆虫的卵绝对称不上美丽。不过，在昆虫的卵中也有能够与鸟卵相媲美的，比如说椿象的卵。这种昆虫就是我们通常所讲的臭虫。椿象的体内可以散发出一种强烈的、不太好闻的味道，让人觉得十分讨厌。然而这种昆虫的卵却是讨人喜欢的东西，精巧细腻，极具艺术美感。

近几天我就在一根石刁柏的树枝上面找到了一个椿象卵群，卵的数量达三十来只。椿象飞行的速度很快，它可以在相距很远的不同地点分别产下卵，有二十个椿象卵群并不是一件稀奇的事情。每个地方椿象产卵的数量有着很大的差别。我所收集到的椿象卵中，有一次最多收集了九行卵块，每一行大概有一打左右的卵，总数超过了一百只。然而，一般情况下，卵的数量都会在此基础上减去一半，或者比一半还要少。最开始吸引我的是从一根石刁柏树枝上收集来的卵，那个卵群大约有三十多只椿象卵。我还曾经找到过一个拥有五十只卵左右的椿象卵群。当然，也有一些收集到的卵群只有十五只。

椿象的卵都一粒粒地紧挨在一起，就像一件刺绣艺术品上面的珍珠一样，非常漂亮。卵被孵化后，空的卵壳会停留在原地不动，而且除了卵壳的盖子稍微翘起之外，其他地方都没有变形。这些卵壳的颜色呈淡灰色，而且是半透明的，很像是一只用白岩石材质加工出来的精美小罐子。

椿象的卵非常别致，我们可以这样想象：把鸟卵的上面去掉一部分，然后把剩下的那部分做成一个精巧的高脚酒杯，这就是椿象卵的形状，丝毫不缺乏优雅的弧线。在它那卵形的罐子腹部，还有着许多褐色细网，附着在多角形网眼上。另外，在卵壳盖子的边上还有一条带子，像白玉一般。椿象在孵卵的时候，这个盖子就绕着白玉带子旋转，然后脱离罐体。盖子有时候会略微地打开，有时候又会盖上。在卵罐的开口处还有一些很小的、细细的齿状物，看上去好像有密封盖子的作用。

椿象卵被孵化之后总是有一条线，那是用炭黑划出来的线。这条线呈现出锚形或是丁字形。黑线就位于卵壳之中靠近边缘的地方。我猜这条黑线是椿象为了关闭卵壳而制作出来的锁头，或是椿象为自己的工艺留下的一些凭证。

刚刚从卵中孵化出来的椿象幼虫，长得圆嘟嘟的，身材粗粗的、短短的，肚子下面是红色的，其余的部分都穿着黑色，胸部侧端还有着红色的带子作为装饰。幼虫们还没有从卵壳堆中走掉，它们一群群地聚集着，等待阳光和空气让它们变得健壮，之后才会与群体分散，各自去寻找地方和美食。我不知道这些椿象幼虫是如何从它们的卵壳中出来的，也不知道那个罐子盖是如何被撬开的。我想我需要尝试着来解答这个疑问。

四月已经远去，五月来临。我的小园子中开满了鲜花，迷迭香是椿象喜欢的栖居地，我可以随意地在上面找到它们。我需要在金属钟形网罩下面来喂养这些小家伙，以达到观察了解的目的。

我从小灌木上面摘了几根带树叶的树枝，把它们放在我的钟形网罩中。椿象们会在这些树枝上合理地安排自己的卵。我每天都会更换一束迷迭香，并保证我的实验室阳光充足。这些已经足够了。五月的前半月椿象就产下了卵，数量之多让我始料未及。我赶忙把这些卵分门别类地放置在小玻璃试管中，以便观察卵的孵化。我想，只要我认真细心地进行观察，一定会看出个所以然来。

椿象卵往往因为椿象的不同而有所区别。如果卵是空的，那么就会有一种流苏似的硬硬的纤毛在周边环绕。这种东西起到了固定卵的作用，在椿象幼虫孵化出来时托起它们，然后向下翻。卵孵化成功之后，卵壳里面的那条黑色的线，并不是所谓的门锁，也不是所谓的凭证，我之前的猜想完全是不符合实际的。

椿象的卵总是相互紧挨着，整齐地站着队。在一片树叶上，这群整齐的队列时长时短，牢靠地抓着这片树叶。整体上看，就好像是用珍珠制成的一幅美丽图案。珍珠在画布上很牢地粘贴着，无论是用刷子还是手指，都无法将它们弄下去。幼虫离开后，卵壳依旧留在原地。

卵在刚刚产下的时候呈一种稻草的黄色，卵的颜色会随着自身的成长而变得不同，之后又会由于里面生命的逐渐变化而呈现为带着红色三角形斑点的淡橘色。等到幼虫孵化出来后，卵只剩下一个空壳，卵壳呈半透明的乳白色，非常漂亮。

椿象孵卵的时间也不定，今天孵出一些，明天可能还会孵出一些。我把这些在不同时间段里孵出的卵通通收集到玻璃试管内，以便观察。五月还没有过去，这些椿象卵只需要两三周的时间就能够发育成熟了。要想知道卵壳盖子边缘的那三根黑色的锚形物，就必须在这个时间段内高度集中地对椿象卵进行观测。

由于这个黑色物体不是在卵刚刚被产下时就有的，所以我之前的猜想也就泡汤了。因为如果这个奇怪的东西是作为门锁来使用的话，它就必须在卵刚刚被产下时就出现。而现在看来，这黑色的不明物却是在幼虫成熟以后才有的。现在，我们面临的问题不是盖子怎样关闭，而是怎样才能将盖子打开。或许这个黑色的不明物正是开启大门的钥匙。

孵卵的时刻已经到了，我借助放大镜观察试管中的动态。卵盖的一端如同门在铰链上旋转，而另一端则在不知不觉中升了起来。椿象的幼虫待在盖子边缘的下端，它们用脊背靠着卵壳。卵壳现在已经呈半开的状态了，这对于我的观察是非常有利的。椿象幼虫好像戴着一顶小帽子似的，帽子制作得十分精良。幼虫一动不动地待着，整个身体缩成一团。

帽子呈三面角的形状，看上去像是角质物。三根脊柱呈深黑色，而且很硬。在幼虫两只红色的眼睛之间有两根脊柱，第三根在颈背上。在这三根深黑色的脊柱上，我看到了一些韧带，这些韧带绷得很紧，起到固定这三根脊柱的作用，还能防止脊柱把角尖弄钝时进一步脱离。这个帽子的凹面长着松软的肉质，使得椿象幼虫的额头没有办法破除阻碍。在幼虫额头的上面有一个推进装置，那是一个比较狭窄的地方，就像一个活塞一样，那里有着跳动速度很快的脉搏。这是由于血液的急速流动而产生的。那个黑色的不明物体也是因为这种血液的急速流动，慢慢地被顶起。差不多一个小时过后，卵盖被开启了。

小鸟为了破壳而出，会用自己的嘴巴将外壳啄开。同样地，椿象幼虫有着自己的独门绝技来让卵壳打开。椿象幼虫打开卵壳的方式甚至要比鸟儿啄壳的方法高明很多。鸟儿出壳后，它的外壳最终需要裂开，而椿象幼虫的卵壳则不需要被破坏掉。幼虫钻出卵壳后，卵壳本身依旧是一个精美的艺术品。

色斑菊花象的一生

蓟草、飞廉、刺菜蓟和矢车菊等飞廉科植物是色斑菊花象赖以生存的栖息之地。蓟草是南方植物当中最为优雅的一种，盛开在夏秋两季。植物学将蓟草称之为蓝刺头，因为这种植物有着刺圆形的头部，由漂亮的小蓝花集成，而蓝刺头那漂亮的带刺的绒球就在这些小花的掩盖之下生长着。色斑菊花象就生活在这些或蓝色或白色的玫瑰型带刺绒球下。

色斑菊花象长着长长的喙，在这些植物中不安分地动弹着，愚笨跟跄地爬到小花堆里。把玫瑰型绒球打开，并且把它们多肉的底部剥开，我看见一些拥有白色外表的蠕虫。它们全都肉乎乎的，受到阳光和空气刺激的那一瞬间顿时变得惊恐不安。它们的身子微微地摇晃着，这些小家伙就是色斑菊花象的幼虫。

　　七月还未来临的时候，象虫科昆虫就已经开始在蓟草上建立自己的家了。那时候的蓟草花球还只有豌豆那样大小，再大一点的也大不过樱桃，而且还处于绿色的状态。我为了研究这些色斑菊花象，便让它们居住在我的钟形金属网罩下面。它们的喙长得很奇怪，然而这个看起来荒谬的喙却是雌性色斑菊花象发挥母爱的工具，它除了充当进食工具外，还能通过与输卵管的协作，为产卵做准备。

　　我看到色斑菊花象一对一对地结合着。它们用爪子相互搂抱着，亲密而温柔。雄性色斑菊花象用自己的前爪抓住了雌性配偶，后爪的跗节时不时地擦拭着配偶的侧身，动作时而轻柔，时而莽撞粗鲁。而雌性配偶在这个时候还不忘为自己的洞窝做准备，它们用嘴加工着头状花序。勤劳的雌性色斑菊花象从来没有停止过自己对家庭的操劳，即便身处蜜月时光。

　　雄性色斑菊花象在刚刚与妻子分开后会自己去寻觅食物，它们不会去吃自己幼虫的东西，也就是蓝色的叶尖，而是只选择在树叶上面进食，在树叶的趋光一面有节制地吃着。它们的妻子继续在原处留守干活。雌性色斑菊花象用自己灵活的大颚不停地往尖头桩里面插，将有头状花序的小花整个拔起，再把它们放回去。

　　挖好洞窝的雌性色斑菊花象将自己的身子掉转，并且用自己肚子的尾端来寻找洞窝的进口，这是为了安放卵。象虫科昆虫拥有两种劳作工具，一个是位于前方的产卵管，另一个是位于后方的导向管。导向管往往是在产卵的时候才拔出来，一般情况下隐藏在身体之中。除了象虫科昆虫以外，我并没有看见过其他种类的昆虫拥有这两种器具。

　　在喙的帮助下，雌性色斑菊花象很快就完成了自己的产卵工作。被色斑菊花象占用的头状花序很容易就能够分辨出来，因为它们上面都长了一些略微凸起的斑点，而且是褪了色的斑点，每个斑点处都有一只虫卵。

　　我不知道在蓝色蓟草上到底居住着多少色斑菊花象，但是我知道那块小天地最多够为三只幼虫提供足以生存下去的食物。这样一来，早早地就在蓝蓟草上安家的色斑菊花象会让自己的家族兴旺发达，而那些姗姗来迟者只能坐等死亡。我看到色斑菊花象的卵有时候几乎是挨在一起的，这可能是因为产卵者太多而不能考虑得太仔细的缘故。在雌性色斑菊花象将自己的套针放入的时候，它根本没有留意旁边是否已经被其他的色斑菊花象占领了。

一个礼拜过后，长着橙黄色脑袋的白色小幼虫们就出生了。然而色斑菊花象幼虫在我的精心喂养下全都夭折了。我把它们放置在玻璃试管里进行饲养，拿着放大镜对这些被关在试管内的小虫子尽情地探索着，但是我却没有看到它们吃那些已经有残缺的轴茎和中央小球。它们的嘴最多只是在这些残缺的植物上碰触一下，然后它们就会往后退。这些食物虽然新鲜，然而却是木质的，并不适合色斑菊花象幼虫。

我的实验让我明白了一些问题，那就是色斑菊花象幼虫根本不吃固体性的东西，它们所食用的是流体类的树汁。幼虫仔细地在头状花序的轴茎和中央小球上打开缺口，然后它们就会在那里吮吸蓟草渗出来的汁液。这些汁液就是从植物的根部通过这个缺口流出来的。当缺口变干后，幼虫们会开辟出新的缺口，继续饮用生命之源。这个蓝色的小花球只要还生机盎然，那么汁液就一定会从根部流出来的。相反，一旦幼虫的食物储备室与枝杈分离，新鲜的汁液就会断绝，幼虫也会因为没有食物的营养摄入而早早地死去。

放置在花轴上的小球就是支撑小花的花托，色斑菊花象幼虫就是从这个小球开始活动的。幼虫对小花的损伤是从花托开始，它们逐渐地将这些小花拔掉，然后借助自己的脊柱把小花往后面推移。被开辟出来的地界虽然有些受损，却是幼虫最好的栖息地。那么，被幼虫拔出来的小花是掉到地上去了吗？当然不是，如果小花掉在了地上，那么幼虫的臀部就会由于不受遮掩而裸露出来。这丰厚而鲜美的臀部对于幼虫的敌人来说是多么诱人啊。

相反，这些小花和其他的废弃品被幼虫推移到后面以后便一个一个地集合在一起，然后经过一种胶状物的粘贴全部被固定在花托之上。这种胶状物具有防水与凝结速度快的功效。除了小花上面的黄色斑点之外，这些废弃物堆积在一起就像一束完整而美丽的花丛一样。幼虫的生长使得被拔出来小花不断地堆积，最终在屋顶上形成了一个类似驼背形状的小堆。色斑菊花象幼虫从此得到了一个非常宁静而安全的房屋，它们在里面享受着汁液的抚育，而房屋又能够有效地遮挡外部强光的照射。幼虫在这种安宁的环境下长胖了。虽然没有母亲的照顾，色斑菊花象幼虫却凭借着自己的本领生活。这小小的隐蔽所就像一根小香肠似的，外面是铁黄的颜色，弯曲成钩形。

一个长十五毫米、宽十毫米的卵形窝在色斑菊花象临近蛹期的时候建成了。小窝的大直径与头状花序的轴呈平行状。这个小窝的结构非常紧密，用手指按压也不会被弄碎。一般情况下，三只幼虫的小窝同时在一个支撑物上修成。这是三个外表被粗硬的毛包裹起来的小屋，看样子就像蓖麻的果实。房屋内部厚厚的墙壁主要是用胶黏剂黏合起来的，非常光滑亮丽，像涂了一层红褐色的油漆，上面嵌入了很多木质的碎屑物。因为这种胶黏剂的质量比较好，所以它能够防止水的侵蚀，而且还能让结实的坯料转为柴泥。就算是小屋在外部被淹没，水也不会渗透到房屋内部。房子的外部是由带毛的残留物、鳞片特别是头状花序的小花砌成的，小花是黄色的，它们被幼虫从花托上拔起，然后间隔着时间把这些拔起的小花往后移动。

九月的时候，色斑菊花象搬走，它们离开了自己一手修建起的房子。蓝色的蓟草长势良好，而且在不久的将来，最后的那些头状花序也会绽放。然而，色斑菊花象还是从上面将自己的房子破坏掉，然后毫无留恋地穿上沾着粉状物漂亮的衣服离去了。

寒冷多风的冬季让原本美丽的蓝刺头变成了备受摧残的枯萎之花，这些花儿在路上的烂泥里翻滚，最终也成了烂泥的一部分。这么大的风，如果色斑菊花象还是待在自己的小屋中，会发生什么样的状况呢？显然，色斑菊花象是想到了这一点的，所以它们才在冬日到来之时成群地迁移。它们需要寻找到一个更加安稳的居住场所，不必担心冬季恶劣的天气带给它们的苦难。